Start
スタートダッシー
Da
Android

アプリエンジニアの
必須ノウハウを
サクっと押さえる

山本尚紀、亀井栄利、浜田瑛樹、橋本早樹 著

技術評論社

はじめに

　この本は、これからAndroidアプリ開発を始める人に向けた入門書です。

　まず、「Androidアプリ開発を始める」とはどういうことかを少し考えてみます。Androidが誕生してからすでに10年以上になり、いくつものアプリが世の中にリリースされています。Androidアプリが少なかった時は、基本的な機能しか持たないアプリや少し動作が不安定なアプリでも、ある一定のダウンロードがされていました。しかし、アプリがあふれる現在ではより高い品質が求められています。

　また、電話やメール、タスク管理といった一般的な用途以外に、Androidは業務用の端末にも広く普及しています。たとえば、飲食店のレジや注文端末としてAndroid端末が使用されています。そうした業務用のアプリを開発するには、その業界の知識も必要です。

　開発側の視点でも考えてみましょう。Android SDKやAndroid Studioといったandroidアプリ開発に欠かせないツールやサービスは、日に日に進化を遂げています。しかし、進化の中で追加された機能と古く使えなくなった機能が積み重なり、Androidアプリ開発を始めるうえで必要な知識やノウハウは、かなり膨大な量となりました。

　こうした状況から、これからAndroidアプリ開発を始めることは、非常にハードルが高くなっています。

　本書では「これからAndroidアプリ開発を始める＝スタートダッシュする」ことを目的に、数多くのAndroidアプリ開発の知識やノウハウから「スタートダッシュするために本当に必要な情報」を濃縮して構成しています。

　まずはじめに序章では、Androidアプリ開発とはどのような世界なのかを知っていただくために、Androidアプリエンジニアにはどのような知識とスキルが必要とされるのかを解説しています。また、現状を知ってもらうだけではなく、今後もAndroidアプリエンジニアとして生きていくために必要な観点も解説しています。

　第1章では、Androidのことを正しく理解していただくために、Androidのこれまでの歴史とスマートフォン端末やタブレット端末を中心としたAndroid端末の種類を概説しています。続けて、Androidアプリ開発には欠かせないAndroid Studioの基本的な使い方を学びます。

第2章では、Kotlinの基礎を解説しています。Android Studioの機能「Kotlin REPL」を使って、Kotlinの基本的な書き方のルールをしっかりと学びます。Kotlinの言語機能は幅広いですが、ここでは特に重要な機能に焦点を当てて解説しています。

　第3章は、これからのAndroid開発のパラダイムとして、Jetpackを解説しています。Jetpackは2018年に発表され、すでにデファクトスタンダードになりつつあります。Jetpackはさまざまなコンポーネントが用意されていますが、基本となるコンポーネントを解説しています。

　第4章では、AndroidアプリにOSS（オープンソースソフトウェア）を組み込む方法を解説しています。Androidアプリを開発する際、すべて自分自身のコードで完結させることは珍しく、OSSを利用することが一般的です。Gradleと、広く利用されているOSSの使用方法を解説しています。

　第5章では、開発の手助けとなるテストを解説しています。実際のところAndroidアプリ開発においてテストは軽視されがちですが、テストを怠ると結果的に開発スピードが遅くなったりAndroidアプリの品質が低下したりといった問題が発生します。かんたんに導入できるので、参考にしながらテストを実施するようにしましょう。

　本書は、読者のみなさんがAndroidアプリ開発をするデスクの脇に置いてもらい、何度も見返しながら開発を頑張る姿をイメージしながら執筆しました。執筆者一同、同じようにしてスタートダッシュを切ってきました。その時を思い返しながら「開発を始める時にはどのような情報があると理解できるのか」をポイントに、掲載する内容を吟味しました。

　開発のスタートダッシュに寄り添う本として活用いただけたら幸いです。

目次

第**2**章
Android開発の新言語Kotlinを学ぼう 49

→ 第3章
Androidアプリを作ってみる　　　　　　　　97

第4章
OSSを駆使した現場の実践TIPS 179

→ 第5章
Android開発テストの超入門   233

第 **0** 章

Androidアプリ
エンジニアの
現場の世界

0-1 Androidアプリエンジニアとは

　Androidアプリ開発を始める前準備として、Androidアプリエンジニアの現場の世界をみていきましょう。Androidエンジニアとひとことで言っても、求められる業務知識は非常に幅広いです。

　まず、アプリの画面や動作を思いどおりに実装するスキルが必要です。また、インターネットの接続を介した通信処理や、Bluetoothを介したハードウェアと連携する機能が必要となることも多いです。これらを実装するには、インターネットの通信処理やBluetoothの知識だけでなく、非同期処理と呼ばれるプログラム上のしくみの理解も必要です。

　また、AndroidはOSSとして開発されていることを背景に、カーナビやテレビといった専用の組み込み機器にも搭載されています。そのためAndroidアプリエンジニアとして、本書で焦点を当てているスマートフォン向けのアプリとは異なる業務知識を必要とするAndroidアプリ開発の相談を受けることもあります。

　もちろん、すべてのAndroidエンジニアがフルスタックである必要はありません。まずは、自分の作りたいアプリの種類、あるいは自分の得意分野を活かすことを考えましょう。自分に必要な専門知識を身につけたほうが効率的ですし、何より楽しく学び始められます。

0-2 今後のAndroidアプリ業界を学ぶために

Androidアプリエンジニアとして一人前になるには、目前で必要とされるスキルセットを習得するだけではなく、今後のAndroidアプリ業界の変化を知り、柔軟に対応しながら学び続けていく姿勢が大切です。

以下に紹介するイベントでは、Android業界の流れを変えるような発表がおこなわれます。

→ Google I/O

- https://events.google.com/io/

Google I/O は、毎年5月ごろにGoogleが開催する開発者向けのイベントです。以下のようなGoogleが関わっているプロダクトやサービスに関する講演がおこなわれます。

- Android
- Google Play
- Firebase
- AR／VRの取り組み
- Chrome
- Google Cloud Platform
- Google Nest（旧Google Home）

最近では、すべての講演がYouTubeでライブ配信、アーカイブ配信されます。

Androidの次期メジャーバージョンのリリース日や仕様が、このイベントで大々的に発表されるため、このイベントの発表後にAndroidアプリの毎年の保守作業のスケジュールを検討し始めたりします。

また、イベント用の専用アプリが開発され、GitHubでソースコードが公開されます。JetpackやKotlinの新機能が活用されていることも多く、Androidアプリの良質なサン

プルコードになっています。

- https://github.com/google/iosched

➜ Android Dev Summit

- https://developer.android.com/dev-summit

　Android Dev Summitは、毎年10月ごろにGoogleが開催するAndroidの開発者向けイベントです。Android StudioやJetpack、KotlinといったAndroidアプリ開発に欠かせない内容の多くの講演がおこなわれます。最近では、すべての講演がYouTubeでライブ配信、アーカイブ配信されます。

➜ DroidKaigi

- https://droidkaigi.jp/2020/

　DroidKaigiは、毎年2月ごろにDroidKaigi実行委員会が開催するAndroidの開発者向けイベントです。Android Dev Summitと同様に、Android StudioやJetpack、KotlinといったAndroidアプリ開発に欠かせない内容の多くの講演がおこなわれます。

　Google I/Oと同様に、イベント用の専用アプリが開発され、GitHubでソースコードが公開されます。設計のベースができたあたりから、修正や機能追加のPR（プルリクエスト）を広く募り、イベントまでの完成を目指す特徴があります。

- https://github.com/DroidKaigi/conference-app-2020

第 **1** 章

これだけは知って
おきたいAndroid
アプリ開発のはじめ方

1-1 Androidアプリ開発に必要なもの

　まず、Androidアプリ開発に必要なものを準備しましょう。Androidアプリ開発はだれでも無償ではじめられるようになっています。開発に使用するPCやAndroid端末を用意する必要はありますが、ソフトウェアを購入する費用などは不要です。

→ PCを用意する

　Androidアプリ開発には、Android Studioが動作するPCが必要です。Android Studioは、WindowsやMac、LinuxをOSとしてサポートしています。また、まだ一般的ではありませんが、Chrome OSもサポートされています。OSごとに必要なPCのスペックについては、Android Studioの公式ドキュメントを参照してください。

- Android Studio公式ドキュメント：https://developer.android.com/studio

　たとえば、メモリとストレージの容量については、以下が推奨されています。

▼表1-1　Android Studioで推奨のメモリ・ストレージ

対象OS	Windows	Mac
メモリの容量	8GB	8GB
ストレージの空き容量	4GB	4GB

　もちろん、ストレージの空き容量はもっと余裕を持たせたほうが望ましいです。最低限のストレージしかない場合、エミュレータのイメージを複数作成したり、アプリのビルド時にキャッシュが生成されることで、ストレージが圧迫されます。

→ Googleアカウントを用意する

　Googleアカウントは、Googleが提供しているサービスを利用するために必要なアカウントです。Googleアカウントを持っていると「Google Play」で公開されているアプリをAndroid端末にインストールできます。Google Playでアプリを公開するときにも必要になります。くわしいアカウントの作成方法は、本書では省略します。

➡ Android Studioを用意する

Android Studioは、Androidアプリを開発するための統合開発環境（IDE）です。だれでも無償でインストールできます。インストール手順は後述するので、手順に沿ってインストールするようにしましょう。

➡ Android端末を用意する

Androidアプリ開発自体は端末が無くても進められますが、アプリが実機上でどのように動くのか確認する際には、Android端末が必要です。

PC上であれば、エミュレータを使うことで、Android端末上で動かしているような感覚でアプリの動作確認をおこなえます。しかし、画面の文字やボタンの大きさなど、実際にAndroid端末を手に取ってみなければわからないところも多いため、実機を用意しておいたほうが良いでしょう。また、ジャイロセンサーやBluetoothなど、実機ならではの機能を使うAndroidアプリを開発する場合には、動作確認のために実機が必須です。

Android端末はさまざまなメーカーによって開発・販売されています。そのため、開発の現場では、特定のAndroid端末でしか動作しない不具合を調査するために、実機を入手する必要に迫られることもあります。

1-2 Androidと開発環境を知る

→ Androidとは何か

Androidは、Googleが主導するAOSP（Android Open Source Project）で開発されているOSです。2007年に発表されて以降、さまざまなメーカーから販売されているAndroid端末に搭載されています。

■ Androidのバージョン

Androidは毎年5月ごろ、次期メジャーバージョンの仕様が発表されます。リリース済みのAndroidアプリでは、新しいバージョンのAndroidで正常に動くようにするための修正を必要とすることがあります。しかしながら、古いバージョンをターゲットに開発されたAndroidアプリへの影響を緩和するしくみが新しいバージョンには用意されるため、一部の修正は半年から1年ほどの猶予が与えられます。

■ 端末の種類

Androidが搭載されている端末は、さまざまなメーカーから販売されます。Android端末に搭載されているAndroidのバージョン更新のタイミングは、その端末を販売しているメーカーの対応次第です。

Googleが販売している端末は、最も早くAndroidの新しいバージョンが提供されます。また、正式リリース前のベータバージョンの提供を受けるためのしくみも用意されています。

■ 端末のディスプレイサイズ

端末のディスプレイサイズは、メーカーやモデルで異なります。また、Androidはスマートフォン端末とタブレット端末に搭載されています。そのため、Androidアプリの画面デザインは、以下の点を考慮して設計する必要があるでしょう。

- ディスプレイサイズ
- スマートフォン向けか、タブレット向けか

- 縦画面向きか、横画面向きか

→ 開発環境

■ Android Studio

Android Studioの最新バージョンは、Android Studio 4.0（2020年6月時点）です。このバージョンは、Android Studioの品質や安定性を高めるために立ち上げられた「Project Marble」を経た、Androidアプリの開発者にとって待望のバージョンとなっています。

- Android Studio 4.0のリリース記事（英語）：
  https://android-developers.googleblog.com/2020/05/android-studio-4.html

■ エミュレータ

エミュレータは、Android端末の動作環境をPC上で再現できるツールです。Android Studioに含まれているため、Android Studioをインストールしていれば利用できます。

実際のAndroidアプリ開発では、開発するAndroidアプリがターゲットにしている端末・OSバージョンで正常に動作するか確認が必要です。エミュレータを使用することで、OSの各バージョンでアプリの動作確認がおこなえます。どのメーカーのAndroid端末であっても違いがない機能については、エミュレータを活用すると良いでしょう。

→ Android SDK

Android SDKは、Androidアプリを構築するうえで欠かせないSDK（Software Development Kit）です。このAndroid SDKに含まれているAPI（Application Programming Interface）を呼び出すことで、Androidアプリ上からAndroidの持っている機能を利用できます。

■ Android SDKのバージョン

Android SDKにはバージョンがあり、APIレベルと呼びます。Androidのバージョンと合わせてAPIレベルが更新され、Android 10が最新バージョンで、APIレベルは「29」が最新です（2020年6月時点）。以前は、Oreo（Android 8）やPie（Android 9）のように親しみやすいお菓子の名前がコードネームとしてつけられていましたが、この慣習は残念ながらAndroid 10から廃止されました。

Android 6.0以降のバージョンとAPIレベルの対応は以下のとおりです。

▼表1-2　AndroidバージョンとAPIレベルの対応

Androidバージョン	APIレベル
Android 10.0	29
Android 9	28
Android 8.1	27
Android 8.0	26
Android 7.1.1 ／ Android 7.1	25
Android 7.0	24
Android 6.0	23

Android端末に搭載されているAndroidのバージョンと、Androidアプリのビルドに使用したAndroid SDKのAPIレベルの組み合わせには、注意が必要です。

たとえば「Android 8.0搭載の端末」があったとします。このAndroid端末には、「APIレベル29のAndroid SDKでビルドしたAndroidアプリ」をインストールできます。しかし、APIレベル29のAndroid SDKで新たに提供されたAPIは、実行時に動作しません。こうした場合、「Android 8.0搭載の端末」で動作している時は、新たに提供されたAPIが実行されないように、動作環境を判定して分岐する実装が必要になります。

1-3 アプリのリリースと Google Play

→ アプリのリリースと配布方法

アプリのソースコードをビルドすると、最終的には配布用のAPKファイルが作られます。APKファイルをAndroid端末にインストールすることで、アプリが起動できます。オープンプラットフォームであるAndroidでは、配布について制限がなく、自由にアプリ（APKファイル）を配布可能です。つまり、Google Playで配布しなくてもよいのです。

Android Developersのページでも説明されているように、メール、配布ツール、自分のWebページ、ほかのストア（Amazon Androidアプリストアなど）でも配布可能です。

- さまざまな配信方法（Android Developers）：
https://developer.android.com/distribute/marketing-tools/alternative-distribution?hl=ja

一般的にはGoogle Playに配信する場合が多いので、Google Playでの配信について説明します。

→ Google Playでアプリを配信する

Google Playで配信するためには、以下の4つが必要です。

- Google Play Consoleでデベロッパー登録をする
- Google Play デベロッパーポリシーに準拠したアプリにする
- 署名付きAPKを用意する
- Google Playで配信の申請をおこなう

■ Google Play Consoleでデベロッパー登録する

初めてGoogle Play Consoleにアクセスする場合、デベロッパー登録する必要があ

ります。基本的にはデベロッパー規約を読み同意しますが、以下の3つが必要です。

- Googleアカウント
- デベロッパー登録料$25を支払うためのクレジットカード
- デベロッパー情報

　Googleアカウントは、オーナーアカウントでさまざまな情報が通知される重要なアカウントです。オーナしかできないこともあるので、厳重に管理します。
　デベロッパー登録には、$25の費用がかかります。これは登録時に1回だけ支払います。その後は追加費用なくアプリ配信ができます。

- Google Play（Android Developers）：
  https://developer.android.com/distribute/console?hl=ja

■ Google Play デベロッパーポリシーに準拠したアプリにする

　Google Playでは、配信するアプリにポリシーを設けています。Androidアプリ自体は好きなように開発して配信することは可能ですが、Google Playで配信するのであれば、Google Playのデベロッパーポリシーに従う必要があります。従わない場合は、以下のようなペナルティがあります。

- アカウント停止
- アプリの停止
- アップデートしない限りアプリ停止
- 30日以内の修正したバージョン要求（しない場合アプリ停止）
- 軽微なアラート

　注意しておきたいのは、リリースのときにデベロッパーポリシー準拠にしていても、デベロッパーポリシーが変更されたことで違反しているケースです。デベロッパーポリシーは年に数回変更されることがあるため、常にポリシーが変更されたらチェックするように心がけましょう。
　また、これらのペナルティはオーナーアカウント（契約したアカウント）にメールで詳細が送られてきます。オーナーアカウントの紛失には気をつけ、こまめにメールをチェックするようにしましょう。

- Developer Policy Center：

  https://play.google.com/intl/en_us/about/developer-content-policy/

■ 署名付きAPKを用意する

　自分のアプリであることを示すために、署名付きのAPKを作成する必要あります。署名するため鍵（アプリ署名鍵）を作成して、Google Playに配信するときに常にその鍵を使って署名します。作成方法は公式サイトを確認してください。

　署名付きAPKについて重要なことは、以下の2点です。

- 1度署名してGoogle Playに配信したら、鍵の変更・再発行はできない
- 署名が一致している時のみアプリがアップデートされる

　署名をして配信したあと鍵を紛失してしまった場合、二度とアプリをアップデートできなくなるので、厳重に鍵を保管する必要があります。絶対紛失してはいけません。また、この鍵が盗まれると、なりすましアプリが作られる危険があります。誰でもアクセスできるオープンな場所には保存しないように注意しましょう。

- アプリへの署名（Android Developers）：

  https://developer.android.com/studio/publish/app-signing?hl=ja

---

`Column` **Google Play App Signing**

　最近は、アプリ署名鍵をGoogle Playに預けて、アプリをアップデートするためだけのアプリ署名鍵でアプリをアップデートし、配信時にGoogle Playが本物のアプリ署名鍵で署名しなおして配信してくれる機能が追加されました。くわしくは、公式の情報を確認してください。

　この機能のメリットは、以下のとおりです。

- アップデート署名を最悪紛失してもサポートの窓口がある
- App Bundleの機能を使うことができる
- 本物のアプリ署名の紛失のリスクがない

　できるだけGoogle Play App SigningでGoogle Playにアプリ署名鍵を預けることが推奨されていますが、2020年7月現在、必須ではありません。

- Google Playアプリ署名を使用する（Play Consoleヘルプ）：
  https://support.google.com/googleplay/android-developer/answer/7384423
  ?hl=ja

➡ Google Play で配信の申請をおこなう

　初めてGoogle Playにアプリを配信する場合は、以下のようにさまざまな情報を記入する必要があります。

- ストア情報（アプリ名、アプリの説明、スクリーンショット、アプリアイコンなど）
- コンテンツのレーティング
- アプリのコンテンツ
- アプリのリリース（APKの登録）
- 価格と配布

　ストア情報には、Google Playで表示される情報を記載します。

　コンテンツのレーティングは、アプリの推奨年齢を審査されます。アダルトや暴力表現、賭博などがある場合は対象年齢が高くなります。

　アプリのコンテンツは、Google Play ファミリーポリシーに準拠しているかを審査されます。

　アプリのリリースは、署名付きのAPKを登録します。変更やお知らせなどバージョンの説明を書く欄もあります。重要なのは、アプリのパッケージ名は全世界でユニークである必要があることです。パッケージ名がかぶっていないか確認しておくと安心です。新しいプロジェクトの作成時に入力する情報なので、後述します。

　価格は、無料と有料アプリどちらで配信するか決めます。後から変更不可なので、よく考えて選択します。配布は、配信する地域や言語を選択します。

- アプリをアップロードする（Play Consoleヘルプ）：
  https://support.google.com/googleplay/android-developer/answer/113469?hl
  =ja#

　すべての設定をしたら、公開申請が可能です。しかし、すぐに公開されるわけではありません。2019年8月から、新規リリース・アップデートにかかわらず、アプリやアプリ

情報が審査されるようになりました。最長7日間もかかる可能性があるので、もしリリース日が決まっている場合は、早めに審査に提出する必要があります。また通常の公開のほかにも、時限公開する方法もあります。くわしくは公式ページを確認してください。

- アプリの一般公開（Play Console ヘルプ）：
  https://support.google.com/googleplay/android-developer/answer/6334282?hl
  =ja

Android Studioの基礎知識

1-4

Android Studioの基本的な使い方を学びましょう。まず、Android Studioをインストールして、あらかじめ用意されているテンプレートを使ってプロジェクトを作成します。

➡ Android Studioのインストール

ここでは、macOS CatalinaとWindows10のインストール手順を解説します。以下のURLからAndroid Studioをダウンロードします（図1-1）。

- Android Studio：

https://developer.android.com/studio

▼図1-1　Android Studioのダウンロードページ

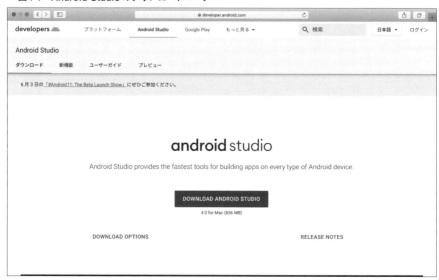

ダウンロードボタンを押すと利用規約が表示されます。内容を確認してから「上記の利用規約を読んだうえで利用規約に同意します」のチェックボックスにチェックを入れ、

「ダウンロードする」ボタンをクリックします（図1-2）。

▼図1-2　利用規約の確認画面

■ インストール手順（macOSの場合）

　ダウンロードしたファイルをダブルクリックし、表示された画面でAndroid Studio.appをApplicationsフォルダにドラッグ＆ドロップします。Applicationフォルダを開いてAndroid Stidioのアイコンをダブルクリックするとセットアップが始まります（図1-3）。

▼図1-3　macOSのアプリケーションフォルダ

　確認ダイアログが表示されたら「開く」をクリックします（図1-4）。

▼図1-4　確認ダイアログ画面

■ インストール手順（Windows 10の場合）

　ダウンロードしたファイルをダブルクリックし、ユーザーアカウント制御のダイアログが表示された場合は、「はい」を選択します。Welcome to Android Studio Setupダイアログが表示されるので「Next」をクリックします（図1-5）。

▼図1-5

　Choose Componentsダイアログでは、「Android Virtual Device」にチェックが入っているのを確認してから「Next」をクリックします（図1-6）。

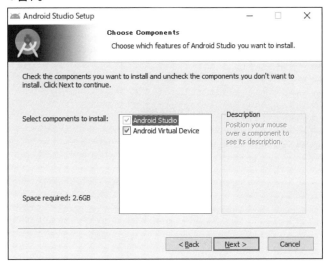

Configuration Settingsダイアログでインストール先を変更できます。インストール先を確認して「Next」をクリックします（図1-7）。

▼図1-7

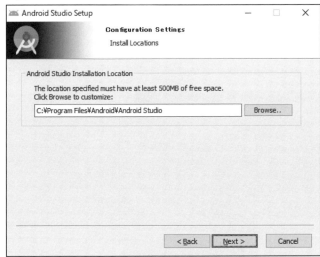

Choose Start Menu Folderダイアログでは、スタートメニューに表示する名前を変更できます。特に変更がなければ「Install」をクリックするとインストールが始まります

（図1-8）。

▼図1-8

インストールが終わったら「Next」をクリックします（図1-9）。

▼図1-9

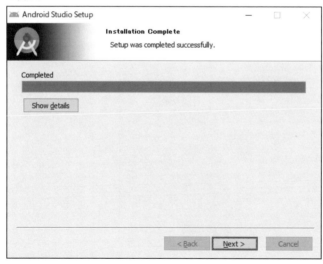

　これでインストールは完了です。Start Android Studioのチェックを入れたまま「Finish」をクリックすると、セットアップが始まります（図1-10）。

→ セットアップ

初回起動時のみ、設定ファイルの読み込み画面が出ます。「Do not import settings」をチェックしたままで「OK」をクリックします(図1-11)。

▼図1-11

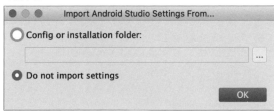

セットアップウィザードが表示されるので「Next」をクリックします(図1-12)。

▼図1-12

Install Typeのダイアログが表示されます。「Standard」がチェックされているのを確認して「Next」をクリックします (図1-13)。

▼図1-13

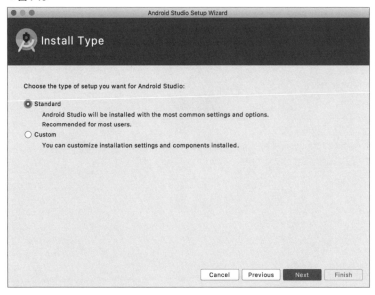

Select UI Themeのダイアログが表示されます。好みに合わせてAndroid Studioの
テーマを白か黒を選択できます。好みのテーマを選択してから「Next」をクリックします
（図1-14）。

▼**図1-14**

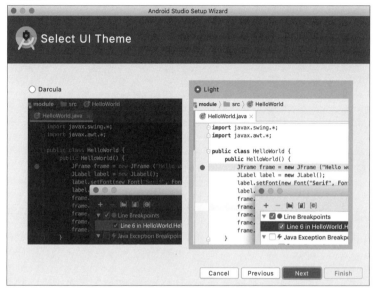

Verify Settingダイアログが表示されるので「Finish」をクリックします（図1-15）。
macOSの場合は、HMAXのインストール確認のダイアログが表示されるので、ユー
ザーとパスワードを入力してください。

▼図1-15

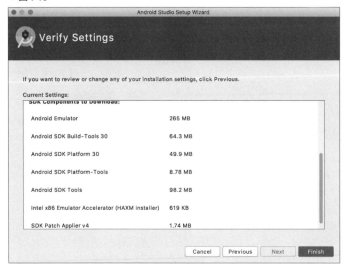

Downloading Componentsの画面が表示され、コンポーネントのダウンロードが開始されるのでしばらく待ちます。ダウンロードが終了したら「Finish」をクリックします。

▼図1-16

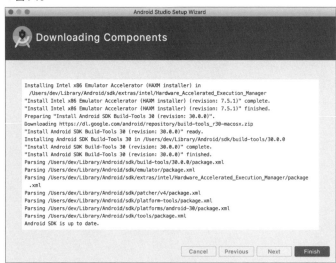

「Welcome to Android Studio」と書かれた画面が立ち上がればインストールは完了です（図1-17）。

▼図1-17

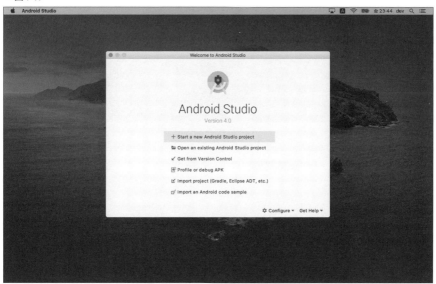

→ プロジェクトの作成

新規プロジェクトを作成するには、まず「Start a new Android Studio Project」を
クリックします (図1-18)。

▼図1-18

Select a Project Templateの画面で「Empty Activity」が選択されているのを確認して「Next」をクリックします（図1-19）。

▼**図1-19**

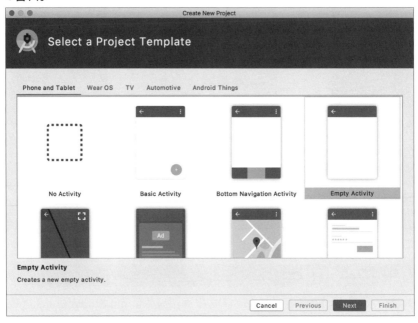

プロジェクトに必要な各項目を設定します。アプリの名前や開発に使用するプログラミング言語を設定します。各項目については、以下で説明します（図1-20）。

▼図1-20

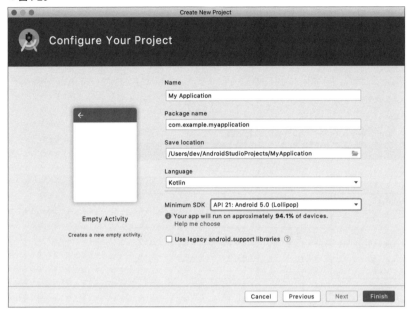

■ Name

アプリの名前です。英字のアッパーケースで入力します。ここで文字を入力するたびに Package name や Save Location の値が変化します。

■ Package name

アプリのパッケージ名です。アプリを Google Play Store に公開する場合は、パッケージ名がほかのアプリと異なる必要があるため、慣例としてドメイン名を逆方向に並べたものを利用します。たとえば、ドメイン名が「classmethod.jp」の場合は「jp.classmethod.myapp」のように命名します。使用できる文字は a〜z、A〜Z、0〜9、アンダースコア（_）のみです。

■ Save Location

プロジェクトの保存先です。任意のフォルダが指定できます。

■ Language

開発言語を選択します。Kotlin か Java を選択できます。Android 開発では、Kotlin 優先でツールやライブラリが提供されますので、新規プロジェクトは Kotlin での作成を

おすすめします。

■ Minimum SDK

アプリの最低APIバージョンを指定します。最低APIを低くすればするほど対象ユーザーが増えますが、開発時に制約が多くなります。2020年7月時点では、対象ユーザーの多さと開発のしやすさのバランスが取れたAPI 21をおすすめします。

▼表1-3　コードネーム・バージョン・APIの対応表

コードネーム	バージョン	APIレベル
KitKat	4.4〜4.4.4	19〜20
Lolipop	5.0〜5.1.1	21〜22
Marshmallow	6.0〜6.0.1	23
Nougat	7.0〜7.1.2	24〜25
Oreo	8.0〜8.1	26〜27
Pie	9.0	28
コードネーム廃止	10.0	29

■ Use legacy android.support libraries

レガシーのAndroid support librariesを使用したい時はチェックします。特別な理由がない限りはチェックせず、最新のライブラリであるAndroidXを使用します。

Finishをクリックするとプロジェクトの作成は完了です（図1-21）。

▼図1-21

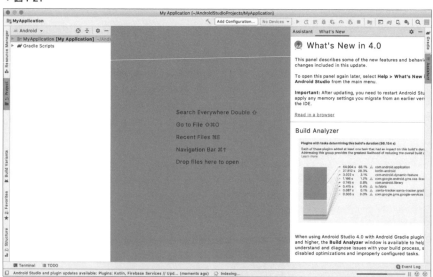

➜ Android Studioの画面の基本構成

Android Studioの画面は以下のように構成されています（図1-22）。

▼図1-22

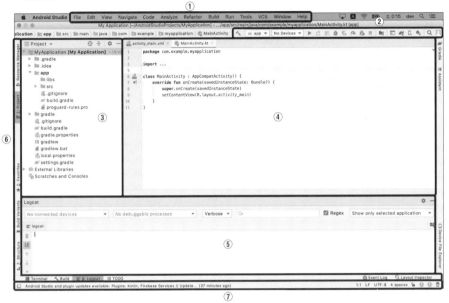

① メニューバー：さまざまな機能がカテゴリーごとに分類されています。

② ツールバー：アプリの実行・デバッグ実行・停止、Gladeのプロジェクトの同期、エ
   ミュレータ管理、SDK Managerなどの機能を呼び出せます。

③ ナビゲーションウィンドウ：

プロジェクトをツリー形式で表示します。表示方
式の初期設定は「Android」です。おすすめは、
実際のフォルダ階層でプロジェクトを表示する
「Project」です。「Android▼」の部分をクリッ
クすると表示方式を切り替えられます（図1-23）。

▼図1-23

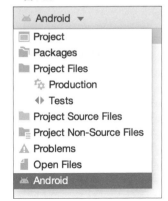

④ エディタウィンドウ：ソースコードやレイアウトファイルを編集するエリアです。レイアウトを編集する場合はレイアウトエディタが表示されます。

⑤ ツールウィンドウ：画面下部のウィンドウは、おもにデバッグやログ出力に使用します。

⑥ ツールウィンドウバー：IDEの周りに配置されたバーです。左側には画像ファイルの一覧を表示するResource Manager、下側にはログ出力を確認するLogcatが配置されています。

⑦ ステータスバー：ビルドの進捗やファイルの文字コード、Gitのブランチのようなステータスが表示されます。

1-5 Androidアプリを実行する

Androidアプリを実行するための環境として、Android Studioではエミュレータ環境が用意されています。この節では、エミュレータ環境を利用してアプリの起動について解説します。

➡️ エミュレータの作成と起動

まずは、エミュレータの作成と初期設定をおこないます。ツールバーにある、「AVD Manager」のアイコンをクリックします（図1-24）。

▼図1-24

エミュレータを作成する画面が表示されるので、「Create Virtual Device」をクリックします（図1-25）。

▼図1-25

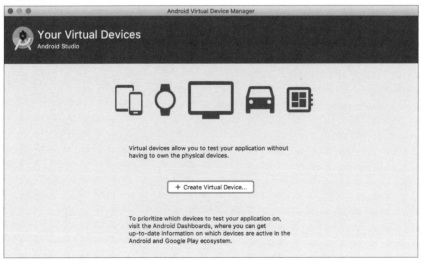

エミュレータで使用するデバイスを選択し、「Next」をクリックします（図1-26）。

▼図1-26

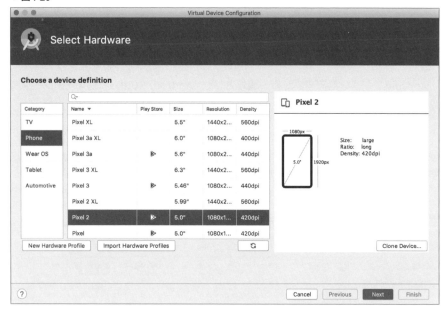

エミュレータで使用するOSバージョンを選択し、「Next」をクリックします（図1-27）。選択できない場合は、OS名の横にある「Download」をクリックします。Downloadが完了したら選択できるようになります。

▼図1-27

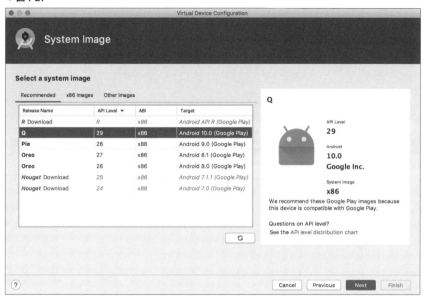

最後に、エミュレータの設定画面が表示されます。基本的にはデフォルト設定で問題ありません。「Finish」を押すとエミュレータが作成されます（図1-28）。

▼図1-28

エミュレータが作成されると、以下のような選択画面が表示されます。Anctionsにある「▶」ボタンを押すとエミュレータが起動します（図1-29）。

▼図1-29

▼図1-30　エミュレータが起動

➡ ビルドを実行する

それでは、先ほど作成したエミュレータ上でアプリを実行してみましょう。ツールバーに先ほど作成したエミュレータが表示されていることを確認します（図1-31）。

▼図1-31

ツールバーにあるRunボタン（▶）を押すと、ビルドが実行されエミュレータにインストールされます（図1-32）。

▼図1-32

インストールまで成功すると、エミュレータでアプリが立ち上がります。「Empty Activity」のテンプレートでは、以下のように「Hello World!」が表示されます（図1-33）。

▼図1-33

このように、ビルドを実行することでアプリの動作を確認できます。

→ アプリのデバッグ

Android Studioには、アプリを作成するうえで必須となるデバッグ機能も用意されています。ここでは、Android Studioのデバッグ機能の一部を紹介します。

■ ブレークポイント

コードにブレークポイントを設定することで、アプリを一時停止することができます。ブレークポイントを設定するには、対象の行の余白部分をクリックします（図1-34）。

▼図1-34

```
class MainActivity : AppCompatActivity() {

    override fun onCreate(savedInstanceState: Bundle?) {
        super.onCreate(savedInstanceState)
        setContentView(R.layout.activity_main)

        val action : String?  = intent.action
        if(action == Intent.ACTION_MAIN) {
        }
    }
}
```

ブレークポイントを設定したら、「デバッグ」で実行します。以下のアイコンをクリックするとデバッグ状態として起動します（図1-35）。

▼図1-35

アプリが起動すると、ブレークポイントが設定されている箇所で一時停止されます。同時に、以下のようにDebugウィンドウが表示されます（図1-36）。

Debugウィンドウでは、以下のような機能が利用できます。

① Resume Program：アプリの実行を続ける

② Stop Process：アプリを停止する

③ Step Over：次のコード行へ進む

④ Step Into：呼び出し先メソッドの1行目に進む

⑤ Force Step Into：Step Intoではスキップされる箇所をスキップせずに移動する

⑥ Step Out：現在のメソッドを抜けて、次の行に進む

⑦ Evaluate Expression：現在のブレークポイントで式を評価する

■ システムログの表示

Logcatウィンドウでは、デバッグやエラーなどの各種システムメッセージを表示できます（図1-37）。

▼図1-37

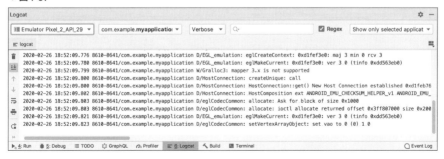

通常は、システムで定義されているログが表示されていますが、アプリのログを独自

に追加することも可能です。独自のログを表示したい場合は、**Log**クラスを利用します。以下のように、ログ表示のコードを追加し再度アプリを起動します。

▼ リスト1-1

```
import android.util.Log

// （中略）

class MainActivity : AppCompatActivity() {

    private val TAG: String = MainActivity::class.java.simpleName

    override fun onCreate(savedInstanceState: Bundle?) {
        super.onCreate(savedInstanceState)
        setContentView(R.layout.activity_main)

        // 独自のログを表示
        Log.d(TAG, "sample message")
    }
}
```

Logcatウィンドウを確認すると、先ほど追加したログが以下のように表示されます（図1-38）。

▼ 図1-38

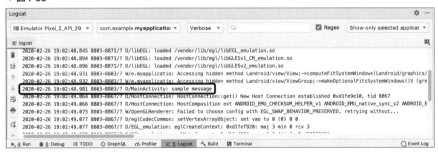

このように、適宜ログを表示させることでエラーの解析や動作検証をスムーズに進められます。

第 **2** 章

Android 開発の新言語
Kotlin を学ぼう

2-1 Kotlinをはじめる

➡ Kotlinとは

Kotlin（コトリン）とは、JetBrain社が開発した静的型付けプログラミング言語です。2017年、GoogleがKotlinをAndroidの正式な開発言語として採用してから、急速に人気が高まりました。Google I/O 2019では「Kotlin First」のスローガンが掲げられ、新しい機能はKotlinから提供されることになっています。

Kotlinの特徴は、以下の3つです。

- 堅牢なコード

Kotlinでは Null安全を採用しています。Nullになる可能性がある変数の扱いが厳しくなっており、NullPointerExceptionが起こりにくくなっています。

- 簡潔に書けるコード

Javaと比較してコードの記述量を大幅に減らせます。

- Javaとの相互運用が可能

KotlinとJavaで相互に呼び出せます。Javaで書かれた既存プロジェクトでも、新規開発分をKotlinで書けます。

➡ REPLを起動する

REPL（Read-Eval-Print Loop）とは、対話的にコードが実行できる環境のことです。REPLでは、コードを入力するとすぐにプログラムが実行されます。Kotlinのプログラム実行方法はいくつかありますが、今回はAndroid StudioのREPLを使用します。

（1）Android Studioを起動します。第1章で使用したHello Worldのプロジェクトが開いた場合は、（2）に進みます。プロジェクトを新規作成する場合は、メニューの「File」→「New」→「New Project」を選択すると新規プロジェクト作成ダイアログが表示されます。くわしい設定内容は第1章のプロジェクトの新規作成を参照してください。

（2）メニューの「Tools」→「Kotlin」→「Kotlin REPL」を選択するとREPLのタブが表示されます。これでKotlinの実行準備は完了です。

▼図2-1　Kotlin REPLボタン

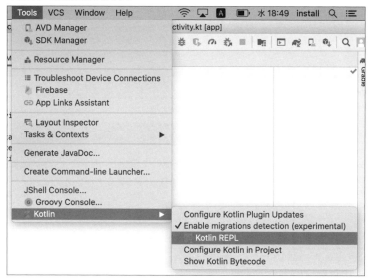

▼図2-2 REPLのタブが表示された

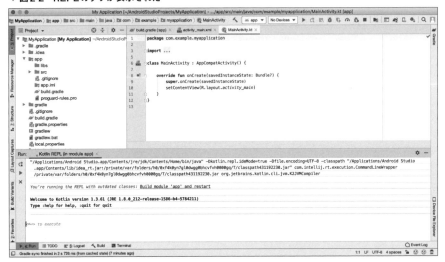

→ Kotlinを実行する

それではかんたんな計算をしてみましょう。Kotlin REPLのウィンドウで「<⌘⏎> to execute」と書かれている場所をクリックすると、式を入力できるようになります。

▼図2-3 Kotlin REPLウィンドウ

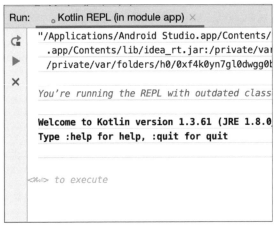

以下のようにprint(1 + 1)の式を入力して実行してみましょう。Macの場合は [Command] + [Enter]、Windowsの場合は [Ctrl] + [Enter] を入力すると式が実行されます。

しばらくすると次の行に結果の2が表示されます。結果が表示されれば成功です。

▼リスト2-1

```
print(1 + 1) // ←Command＋Enterで実行
2            // ←計算結果が表示される
```

▼図2-4　実行した画面

2-2 変数とコメント

→ コメント

1行コメントは、//の後ろにコメントを記述します。

▼リスト2-2

```
// 1行コメント
val a = 3.14 // 円周率
```

コメントの開始と終了を指定して、複数行のコメントを記述することもできます。/*で
コメントを開始して、*/で終了します。

また、KDoc形式の記述方法もあります。開始は/**で、終了は*/で記述します。
KDoc形式で記述しておけば、ツールを使ってAPI仕様をHTMLで出力できます。

▼リスト2-3

```
/* ブロックコメント
   複数行も可能 */

/**
 * KDoc形式のコメント
 * 複数行も可能
 */
```

→ 変数

変数は、キーワードvalもしくはvarで定義します。valで定義した変数は読み取り専
用で、1度だけ値の代入ができます。valに再代入しようとした場合はコンパイルエラー
になります。

▼リスト2-4　変数の宣言と初期値の代入

```
val 変数名: 型 = 初期値
```

▼リスト2-5　記述例

```
val a: Int = 1 // 読み取り専用の場合はval
var b: Int = 1 // varは再代入できる
```

　Kotlinは型推論を採用しているため、型を省略できます。型推論とは、型を明示的に宣言しなくても代入する値や周辺情報から型を推測するしくみです。

▼リスト2-6

```
val a = 1 // 型推論によりInt型として扱われる
```

　値に再代入したい場合は、varキーワードを使って変数を宣言します。異なる型の変数に再代入はできません。

▼リスト2-7

```
var a: String = "abc"
a = "xyz" // 再代入OK
print(a)  // Command＋Enterで実行

xyz
```

■ valとvarの使い分け

　valとvarの使い分けについては、まずvalを使えないか検討します。不具合の原因となりがちな変数の意図しない変更を防ぐためです。

■ 変数の命名規則

　これまでの説明では変数名にaやbをつけてきましたが、Kotlinでは以下の3つが推奨されています。

- 小文字スタート
- キャメルケース
- アンダースコアは付けない

▼リスト2-8　変数名の例

```
var shopId: Int
```

2-3 Kotlinにおける型を理解する

Kotlinは静的型付け言語です。Kotlinの型には以下のような型があります。

▼表2-1　数値型

型	サイズ	種類	リテラル例
Byte	8 bit	整数	127 -1
Short	16 bit	整数	127 -1
Int	32 bit	整数	127 -1
Long	64 bit	整数	127L -128L
Float	32 bit	浮動小数点数	123.4F
Double	64 bit	浮動小数点数	123.4

▼表2-2　その他の型

型	種類	例
Char	文字	'a' 'b'
Boolean	真偽	true false
String	文字列	"abc" "foobaa"

数値型（整数）

Kotlinでは、型を省略して変数に整数を代入した場合は、Int型として扱われます。

▼リスト2-9

```
val a = 1
val b = 2
print(a + b) // Command＋Enterで実行

3 // 実行結果
```

Int以外の整数の数値型を使いたい場合は、明示的に型を指定する必要があります。また、Long型は値の最後に小文字のl（エル）もしくは大文字のLが必要です。

▼リスト2-10

```
val a: Byte = 1
val b: Short = 1
val c: Long = 1L
```

　数値リテラルは、任意の数のアンダースコア（_）を含めることができます。桁数の多い数値を表現する時に、可読性を高められます。

▼リスト2-11

```
val a: Long = 1_000L
val b: Long = 10_00L
val c: Long = 100_0L
print(a)
print(b)
print(c)  // Command＋Enterで実行

100010001000
```

➡ 数値型（浮動小数点）

　型を省略して浮動小数点を値に代入した場合は、Double型として扱われます。

▼リスト2-12

```
val pi = 3.14
val r = 3
print(r * r * pi) // 円の面積。Command＋Enterで実行

28.26 // 実行結果
```

　Floatを使用したい場合は、明示的に型を指定し、値の最後に小文字のfもしくはFを付けます。

▼リスト2-13

```
val a: Float = 3.14F
```

➡ 数値演算子

四則演算記号には、以下のものがあります。

▼ 表 2-3　四則演算記号

種類	記号	例
加算	+	1 + 1
減算	-	1 - 1
乗算	*	2 * 2
除算	/	2 / 2
剰余	%	3 % 2

Kotlinの計算でも掛け算と割り算があれば優先されます。先に計算したい部分がある時は()でくくります。

▼ リスト 2-14

```
val a = (1 + 1) * 2
print(a) // Command＋Enterで実行。(1 + 1)が先に計算される

4  // 実行結果
```

➡ 文字列（String型、Char型）

文字列を扱いたい場合はString型を使用します。文字列をダブルクォートで囲みます。1文字だけを扱うChar型はシングルクォートで囲みます。

▼ リスト 2-15

```
val a: String = "abcdefg"
val b: Char = 'A'
```

複数行の文字列を扱いたい場合はトリプルクォートで文字列を囲みます。トリプルクォートの間の文字や改行、スペースを含めて扱われます。

▼ リスト 2-16

```
val a = """Hello
World"""
print(a) // Command＋Enterで実行
```

```
Hello
World
```

　実際のAndroidプログラミングにはインデントがあるので、|とtrimMargin()を使って
インデントを消してやります。trimMargin()を使うことで、行頭から|までのスペースを
除外できます。

▼リスト2-17

```
val a = """
    |Hello
    |World
    """
print(a) // Command+Enterで実行

Hello
World
```

→ 文字列演算子

　文字列演算子の+を使えば、文字列を連結できます。

▼リスト2-18

```
val a = "Hello" + " World!"
print(a)  // Command+Enterで実行

Hello World!
```

→ 数値と文字列の連結

　数値と文字列の連結をする方法は2つあります。

■ 数値を文字列に変換してから+演算子で連結する

　数値を文字列に変換するには、以下のようにtoString()を使います。

▼リスト2-19

```
val a = 100.toString() + "回"
print(a)  // Command+Enterで実行
```

■ 文字列テンプレートを使う

文字列テンプレートとは、文字列中に変数を使うことができるしくみです。$を変数の前に記述します。中カッコを使えば、文字列に式を使うことができます。

▼リスト2-20

```
val orange = 3
val apple = 4
print("オレンジ $orange りんご $apple 合計 ${orange + apple}個") // Command＋Enter
で実行

オレンジ 3 りんご 4 合計 7個
```

➡ 文字列から文字を取得する

文字列から文字の参照を取得するには[]を使います。[]にはインデックスを指定します。

▼リスト2-21

```
print("abc"[0]) // Command＋Enterで実行

a
```

String型はイミュータブル（変更不可）なので、代入することはできません。

▼リスト2-22

```
"abc"[0] = 'z' // NG! Stringはイミュータブルなので代入できない
```

➡ 論理値Boolean型

論理値は真（true）または偽（false）の2種類だけを扱う値です。真理値やBool値とも言われます。KotlinではBoolean型で扱うことができます。

▼リスト2-23

```
val a: Boolean = true
val b: Boolean = false
```

■ 比較演算子

比較演算子を使えば、Bool値を得られます。2つの値を比較して、等しければtrueの結果に、等しくなければfalseの結果になります。

▼リスト2-24　数値の例

```
val a: Int = 1
val b: Int = 2
print(a == b)  // Command＋Enterで実行

false
```

▼リスト2-25　文字列の例

```
val a: String = "a"
val b: String = "a"
print(a == b)  // Command＋Enterで実行

true
```

おもな比較演算子は以下の表のとおりです。

▼表2-4　おもな比較演算子

演算子	説明	例
==	値が等しい	1 == 1、"1" == "1"
!=	値が等しくない	1 != 1、"1" != "1"
===	参照が等しい	a === b
!==	参照が等しくない	a !== b
>	より大きい	1 > 1
<	より小さい	1 < 1
>=	以上	1 >= 1
<=	以下	1 <= 1

■ 論理演算子

論理演算子を使えば、複数の真理値を使ってBool値を得られます。おもな論理演算子は以下の表のとおりです。

▼表2-5　おもな論理演算子

演算子	説明	記述例
&&	論理積（すべての真理値がtrueならtrue）	a && b
||	論理和（いずれかの真理値がtrueならtrue）	a || b
!	否定（真と偽を反転する）	!a

▼リスト2-26　論理演算子の実行例

```
val a = true
val b = true
val c = false
print(a && b) // true
print(a && c) // false
print(a || b) // true
print(a || c) // true
print(!a) // false
print(!c) // true
```

➡ 代入演算子

　変数自身を使って演算し、結果を再代入したい時は代入演算子を使います。値を更新するのでvarキーワードを使用します。

▼リスト2-27

```
var a = 1
a += 2
print(a)  // Command＋Enterで実行

3
```

　代入演算子は以下の表のとおりです。

▼表2-6　代入演算子

演算子	説明	例
+=	加算	a += b
-=	減算	a -= b
*=	乗算	a *= b
/=	除算	a /= b
%=	余り	a %= b

➡ 範囲

Kotlinでは、範囲を表すRangeがあります。ある数値が範囲内に入っているかを判定したり、for文で任意の範囲をくり返したい時に使います。inの前に!を付けることで、値が範囲外なのか判定できます。for文での使い方は、制御構文の節でくわしく説明します。

▼リスト2-28

```
val zeroToTen = 0..10
print(0 in zeroToTen)
print(0 !in zeroToTen) // !inで範囲外か判定できる。Command＋Enterで実行

truefalse
```

➡ null許容型

nullとは、参照が無効であることを示す特別な値です。Javaではnullになる可能性のある変数を気軽に扱うことができたので、多くの不具合を引き起こしてきた歴史があります。

一方Kotlinでは、nullへの参照を避けるために、デフォルトでnullを認めていません。そのため、以下のコードはコンパイルエラーになります。nullを使いたい時には、型名の後ろにクエスチョンマーク演算子をつけます。変数を使う時には？演算子を使います。

▼リスト2-29

```
var a: String? = null // nullの代入可能
var b: String = null // コンパイルエラー！ nullの代入不可
```

▼リスト2-30

```
// 例1
var a: String? = "abc"

// nullになる可能性があるのでlenAの型は Int?
val lenA: Int? = a?.length // lenA=3

// 例2
var b: String? = null
var lenB: Int? = b?.length // lenB=null
```

以下の記法では、変数aのnullチェックをして、aがnullでない場合にはaを、値がnullの時は:の後の値が代入されます。

▼リスト2-31

```
var a: String? = null
val b: String? = a ?: "abc"
print(b)  // Command＋Enterで実行

abc
```

!!演算子を使うことで、変数に強制的にアクセスできます。しかし、変数がnullだった場合はNullPointerExceptionが発生するので、細心の注意が必要です。

▼リスト2-32

```
var a: String? = "abc"
var b: String = a!! // aがnullの場合は実行時にエラーとなる
print(b)  // Command＋Enterで実行

abc
```

2-4 条件分岐（if文とwhen文）

if文

　条件を満たした時に処理を実行するには、if文を使います。条件にはBool値を入れます。条件がtrueの場合は{}の処理が実行されます。論理演算子を使えば、複数の条件が指定できます。

▼リスト2-33　if文の書式

```
if (<条件>) {
    条件がtrueの時に実行する処理
}
```

▼リスト2-34　if文の記述例

```
var temperature: Int = 27
if (temperature >= 25 && temperature <= 30) {
    print("夏日です")
}

夏日です
```

if else文

　「if～else～」を使うことで、条件に合う時の処理と合わない時の処理を分岐できます。3つ以上の選択肢がある場合は、「if～else if～else～」を使います。

▼リスト2-35　if else文の書式

```
if (<条件1>) {
    条件1がtrueの時に実行する処理
} else if(<条件2>) {
    条件2がtrueの時に実行する処理
} else {
    すべての条件がfalseの時に実行する処理
}
```

▼リスト2-36　if else文の記述例

```
var temperature: Int = 40
if(temperature <= 35){
    print("猛暑日です")
} else if(a <= 30){
    print("真夏日です")
} else if(a <= 25){
    print("夏日です")
} else {
    print("該当なし")
}

猛暑日です
```

■ if文は値を返す

Kotlinのif文は値を返すので、以下のような記述が可能です。

▼リスト2-37

```
val a: Int = 100
val b: Int = if (a < 100) 0 else 200
print(b)

200
```

➡ when文

when文もif文と同じように処理を分岐できます。when文を使うことで、分岐が多い場合でもシンプルに記述できます。条件式には数値、文字列、条件の複数指定や範囲を使います。式が条件を満たした時、そのブロック内の処理が実行されます。条件は複数指定でき、どの条件にも当てはまらない場合はelseの処理が実行されます。

▼リスト2-38　when文の書式

```
when （式） {
    条件1 -> {
        条件1がtrueの時に実行する処理
    }
    条件2 -> {
        条件2がtrueの時に実行する処理
    }
    else -> {
```

```
            すべてに当てはまらなかった時の処理
    }
}
```

ブロック内が1文だけの場合は{}を省略できます。

▼リスト2-39

```
val a: Int = 1
when (a) {
    1 -> print("1") // 1文なので{}は書略可能
    else -> print("else")
}
```

▼リスト2-40　数値の記述例

```
val a = 1
when (a) {
    1 -> {
        // aが1のケース
        print("a=1です")
    }
    else -> {
        // aが1以外のケース
        print("a!=1です")
    }
}

a=1です
```

▼リスト2-41　文字の記述例

```
val animal = "cat"
when (animal) {
    "cat" -> print("猫です")
    else -> print("猫ではないです")
}

猫です
```

■ 複数条件とレンジの記述例

　複数条件を指定する場合は、，(カンマ) を挟んで複数の値を記述します。範囲指定する場合は、inの後にレンジを記述します。範囲外を指定する場合は、!inの後にレン

ジを記述します。

▼リスト2-42

```
val score: Int = 10 // scoreは最小1、最大10
when (score) {
    9, 10 -> print("scoreは9もしくは10です") // 条件の複数指定
    in 1..3 -> print("scoreは1から3までの範囲内です") // 条件の範囲指定
    !in 1..10 -> print("scoreは1から10までの範囲外です")
}

scoreは9もしくは10です
```

■ 引数なしのwhen文

引数なしのwhen文では、最初に条件が満たされたブロックの処理が実行されます。

▼リスト2-43

```
val a: Int = 1
when {
    a == 1 -> print("aは1です")
    a is String -> print("aはString型です")
    else -> print("その他です")
}

aは1です
```

■ when文は値を返す

ifと同様、whenも値を返すことができるので、以下のように記述することもできます。

▼リスト2-44

```
val temperature: Int = 40
val result: String = when {
    temperature >= 35 -> "猛暑日です"
    temperature in 30..34 -> "真夏日です"
    temperature in 25..29 -> "夏日です"
    else -> "該当なし"
}
print(result)

猛暑日です
```

2-5 コレクションとくり返し（for文）

コレクションとは、オブジェクトの集まりを表現するデータ構造です。コレクション内部のオブジェクトは要素と呼ばれます。Kotlin標準ライブラリのコレクションは、List、Set、Mapが提供されています。

コレクションを生成する関数は、読み取り専用と変更可能なコレクションで別々に用意されています。

- 読み取り専用のコレクションを生成する関数：listOf()、setOf()、mapOf()
- 変更可能なコレクションを生成する関数：mutableListOf()、mutableSetOf()、mutableMapOf()

→ List

Listは、指定された順序で要素を保存し、それらへのインデックス付きアクセスを提供します。インデックスは0から始まります。Listを生成する関数はlistOf()とmutableListOf()です。

▼リスト2-45

```
val numbers = listOf("one", "two", "three", "four") // 型はList<String>
print("size:${numbers.size} ")
print("インデックス0の要素:${numbers[0]} ")

size:4 インデックス0の要素:one
```

MutableListは書き込み操作を持つリストです。要素の追加や削除ができます。

▼リスト2-46

```
val numbers = mutableListOf(1, 2, 3) // 型はMutableList<Int>
numbers.add(4) // リストの最後に4を追加
numbers.removeAt(0) // インデックス0番目の要素「1」を削除
numbers[0] = 0 // インデックス0番目の要素に「0」を代入
print(numbers)
```

```
[0, 3, 4]
```

→ Set

Setは一意の要素を保存します。リストとは異なり順序は保証されません。Setを生成する関数はsetOf()とmutableSetOf()です。

▼リスト2-47

```
val numbers = setOf(1, 2, 3) // 型はSet<Int>
print("size:${numbers.size} ")
print("インデックス0の要素:${numbers.elementAt(0)} ")
print("含まれているか:${numbers.contains(1)}")

size:3 インデックス0の要素:1 含まれているか:true
```

MutableSetは、MutableCollectionからの書き込み操作を含むSetです。

▼リスト2-48

```
val numbers = mutableSetOf(1, 2, 3) // 型はMutableSet<Int>
numbers.add(4)  // 値を追加
print(numbers)

[1, 2, 3, 4]
```

→ Map

Mapは、キーと値のペアが保存されます。キーは一意ですが、異なるキーに同じ値をペアにすることはできます。Mapインターフェースは、キーによる値へのアクセスやキーと値の検索などの機能を提供します。

▼リスト2-49

```
val numbersMap = mapOf("key1" to 1, "key2" to 2, "key3" to 3) // 型はMap<String,
Int>

// キーによる値へのアクセス
val a = numbersMap["key1"] // 型はInt? nullになる可能性あり
print(a)  // 1
```

```
// キーの検索
val containsKey = "key2" in numbersMap
print(containsKey)  // true

// 値の検索
// 要素が含まれているかどうか その1
val containsValue = 1 in numbersMap.values
print(containsValue)  // true

// 要素が含まれているかどうか その2
val containsValue2 = numbersMap.containsValue(1)
print(containsValue2)  // true

1truetruetrue
```

MutableMapはマップ書き込み操作を備えたマップです。たとえば、新しいキーと値のペアを追加したり、指定されたキーに関連付けられた値を更新できます。

▼リスト2-50

```
val numbersMap = mutableMapOf("one" to 1, "two" to 2) // 型はMutableMap<String,
Int>
numbersMap.put("three", 3) // ペアを追加
numbersMap["one"] = 11  // 値の更新
print(numbersMap)

{one=11, two=2, three=3}
```

→ 配列

　配列は、複数の要素を管理するためのデータ構造です。KotlinではArrayクラスを使って表現します。Kotlinの標準関数arrayOfを使うことで生成できます。Javaのプリミティブ型に対応する配列を生成したい場合は、intArrayOf()やbyteArrayOf()を使用します。

▼リスト2-51

```
val animals = arrayOf("cat", "dog", "rabbit") // 型はArray<String>
print(animals[0])  // cat

val numbers = intArrayOf(1, 2, 3) // 型はIntArray
numbers[0] = 0 // 値の代入
```

```
print(numbers[0]) // 0

cat0
```

➡ for in（コレクションのくり返し）

for文は、任意の回数処理をくり返したり、コレクションや配列などイテラブルなオブジェクトから順番に値を取り出して処理するための構文です。書式は次のようになります。

▼リスト2-52　for文の書式

```
for (変数 in イテラブルなオブジェクト) {
    // 処理内容
}
```

▼リスト2-53　for文の記述例

```
val numbers = listOf("Red", "Blue", "Yellow")
for (i in numbers) {
    print(i) // 順番に取り出された要素を表示
}

RedBlueYellow
```

■ インデックス付きでくり返す

withIindexを使うことでfor文の中でインデックスが取得できます。

▼リスト2-54

```
val animals = listOf("cat", "dog", "rabbit")
for((index, element) in animals.withIndex()) {
    print("インデックス:$index,要素:$element ")
}

インデックス:0,要素:cat インデックス:1,要素:dog インデックス:2,要素:rabbit
```

■ Rangeオブジェクトを使ってくり返す

Rangeオブジェクトを使えば任意の数値をくり返すことができます。

```
for (i in 0..2) {
    print(i)
}

012
```

インデックスを減らしながら処理をしたい場合は、downToを使います。

▼リスト2-56

```
for(i in 2 downTo 0) {
    print(i)
}

210
```

インデックスを任意の数値スキップしたい場合は、レンジオブジェクトの後にstepを記述します。

▼リスト2-57

```
for(i in 0..9 step 2) {
    print(i)
}

02468
```

■ breakとcontinue

breakは処理を中断してループを抜けたい時に使用します。以下の例では、インデックスが5になった時、くり返しを中断してprint("end")に移動します。

▼リスト2-58

```
for(i in 0..9) {
    // iが5ならforループを抜ける
    if (i == 5) {
        break
    }
    print(i)
}
print("end")
```

```
01234end
```

continueは今のループ処理を中断して次のループ処理を開始します。

▼リスト2-59

```
for(i in 0..9) { // ②continueが実行されたらここに移動する
    if (i == 5) {
        continue // ①インデックスが5なら次のループ処理を開始する
    }
    print(i)
}

012346789
```

■ while文を使って処理をくり返す

whileは条件がtrueの間処理をくり返します。

▼リスト2-60

```
var x = 9
while(x > 0) {
    print(x)
    x--
}
print("end")

987654321end
```

2-6　クラスと継承

➡ クラスとオブジェクトの関係

　これまで紹介してきた「数値」「文字列」「コレクション」は、クラスから作られたオブジェクトです。オブジェクト指向を説明する際に、よく「クラスはオブジェクトの設計図」と例えられます。現実世界で家や車を設計図をもとにして作っているように、プログラムでは設計図であるクラスをもとにオブジェクトを作ります。クラスから作ったオブジェクトは、インスタンスとも言います。

　これから、猫を表すCatクラスを作っていきます。「どのような値を持ち、何が実行できるのか」という猫の仕様を考えてみます。「値」はプロパティ、「何が実行できるのか」はメソッド（関数）で定義します。

▼表2-7　猫の仕様例：プロパティ

プロパティ	値
name	猫の名前
steps	歩数

▼表2-8　猫の仕様例：メソッド

メソッド	機能
walk	引数で指定した距離を歩く

➡ クラスを定義する

　クラスを定義するには、キーワードclassを使います。クラス名はアッパーキャメルケースで記述します。

　以下の例では、Catクラスを定義します。クラスの本体は{}の中に記述していきますが、本体がない場合は省略できます。

▼リスト2-61

```
// クラスの本体あり
class Cat {
    // クラスの本体を記述する
```

```
}

// クラスの本体がない場合は{}を省略可能
class Cat
```

クラスからインスタンスを生成するには、クラス名に()をつけて呼び出します。

▼リスト2-62

```
class Cat
val cat = Cat()
```

➡ コンストラクターでプロパティを定義する

constructor＝製造者の名前のとおり、コンストラクターはクラスからオブジェクトを作成できるメソッドです。コンストラクターは、クラスのヘッダー部分に記述します。複数のプロパティを指定したい時は、，（カンマ）で続けて記述します。

ここでは例として、Cat クラスに name プロパティを追加します。Kotlin には、プロパティの定義と初期化を簡潔に記述する便利な記述方法があります。このコンストラクターはプライマリーコンストラクターと言います。プライマリーの意味は「1番目の」です。

▼リスト2-63　書式：プロパティの定義と初期化を同時におこなうコンストラクター

```
class クラス名(var プロパティ名: 型) // val もしくは var
```

仕様にしたがって、Cat クラスのコンストラクターにプロパティを追加してみます。

▼リスト2-64

```
class Cat (var name: String, var steps: Int)
```

Cat("mike", 0)でインスタンスが生成できます。プロパティには「クラス名.プロパティ名」でアクセスします。プロパティの更新は、＝を使って新しい値を代入します。

▼リスト2-65

```
class Cat (var name: String, var steps: Int)
val cat = Cat("mikle", 0) // インスタンス生成
print(cat.name) // mike
cat.name = "tama" // 値の更新
```

```
print(cat.name) // tama

miketama
```

インスタンス生成時に歩数を0にしたい場合は、プロパティに初期値を設定しておけ
ば、インスタンス生成時に引数を省略できます。

▼リスト2-66

```
class Cat (var name: String, var steps: Int = 0)
val cat = Cat("mile") // stepsは0
```

→ メソッドを定義する

Kotlinでは、メソッドはクラスなしで存在できます。funキーワードの後にメソッド名を
キャメルケースで記述します。メソッドに戻り値が必要な場合はキーワードreturnを
使って値を返す必要があります。メソッドが何も返す必要がない場合は、返り値の型を
省略するかUnitを指定します。

▼リスト2-67　書式：メソッドの定義

```
fun メソッド名(引数名: 型): 返り値の型 {
    // 本体
}
```

メソッドの本体が単一の式の時は、中カッコ{}を省略できます。型推論が可能な場
合は、戻り値の省略が可能です。

▼リスト2-68　書式：メソッドの本体が単一の式の場合の定義

```
fun メソッド名(引数名: 型): 返り値の型 = 式
```

Catクラスにwalk()メソッドを定義してみましょう。walk()メソッドの仕様は「引数の
歩数をstepsに加算して、今まで歩いた歩数を表示する」にします。呼び出し元に値を
返さないので、返り値の型は省略します。メソッドを実行するには「インスタンス.メソッ
ド()」のように記述します。パラメーターを複数指定する場合は、,を使用します。

▼リスト2-69

```
class Cat (var name: String, var steps: Int = 0) {
```

```
    fun walk(stepCount: Int) { // 値を返さないので返り値の型は省略
        steps += stepCount
        print(これまで"$steps歩、歩いたよ")
    }

}
val cat = Cat("mile")
cat.walk(10) // メソッドの実行 インスタンス.メソッド()
cat.walk(10)

これまで10歩、歩いたよ
これまで20歩、歩いたよ
```

　メソッドの引数にデフォルト値を設定しておけば、メソッドの呼び出し時に引数を省略できます。

▼リスト2-70

```
fun say(message: String = "Hello!"){ // 初期値"Hello!"
    print(message)
}
say("Hi!") // Hi!
say() // 引数を省略したのでデフォルト値のHello!が表示される
```

　Kotlinではメソッドの引数にデフォルト値を設定しておけば、必要な引数だけ指定してメソッドを呼び出すことができます。多くの引数が必要な場合に効果を発揮します。

▼リスト2-71

```
fun say(name: String = "ななし", suffix: String) {
    print("${name}${suffix}、こんにちは！")
}
say("ケン", "君") // ケン君、こんにちは！
say(suffix = "さん") // ななしさん、こんにちは！
```

→ コンパニオンオブジェクト

　クラスのインスタンスなしに呼び出せるプロパティやメソッドが必要な場合は、そのクラス内のオブジェクト宣言のメンバーとして記述できます。クラス内でコンパニオンオブジェクトを宣言すると、「クラス名.プロパティ名」や「クラス名.メソッド名」のようにして

アクセスできます。

▼リスト2-72

```
class Cat {
    companion object {
        // 学名
        val scientificName: String = "イエネコ"

        // 鳴く
        fun meow() {
            print("ニャー ")
        }
    }
}
print(Cat.scientificName) // クラス名.プロパティ名でアクセス
Cat.meow() // クラス名.メソッド名でアクセス

イエネコ
ニャー
```

➡ クラスを継承する

　クラスの継承とは、既存クラスの機能を引き継いで新たなクラスを定義することです。継承を使うことで効率よく既存クラスを拡張できます。既存クラスを継承して新しいクラスを作る場合、既存クラスをスーパークラス、新しいクラスをサブクラスと言います。ほかにも基底クラスと派生クラス、親クラスと子クラスと言われます。スーパークラスを継承してサブクラスを作成する書式は、以下のようになります。

▼リスト2-73　書式：継承

```
class サブクラス名: スーパークラス名
```

▼リスト2-74　使用例

```
// 　スーパークラスにopenキーワードをつける
open class Animal

// :をつけてスーパークラスとコンストラクターを指定する
class Cat: Animal()
```

　Kotlinでは、スーパークラスにキーワードopenをつける必要があります。スーパーク

ラスがコンストラクターを持っている場合は、コンストラクターのパラメーターを使って
初期化する必要があります。

▼リスト2-75

```
open class Animal(var weight: Int)

// コンストラクターのパラメーターを使って初期化
class Cat(var name: String, weight: Int): Animal(weight)
val cat = Cat("mike", 10)
print(cat.name)
```

→ メソッドのオーバーライド

スーパークラスのメソッドをサブクラスでは異なる動作に変更したい時があります。サ
ブクラスにキーワードoverrideをつけ、同じ名前のメソッドを記述することで、メソッド
を上書きできます。スーパークラスのメソッドには、明示的にopenキーワードをつける
必要があります。

▼リスト2-76

```
open class Animal {
    // オーバーライドされるメソッドにキーワードopenをつける
    open fun say() {}
}
class Cat: Animal() {
    // オーバーライドするメソッドにキーワードoverrideをつける
    override fun say() {
        print("meow")
    }
}
val cat = Cat()
cat.say() // サブクラスのsay()が呼ばれる

meow
```

→ プロパティのオーバーライド

メソッドと同様、プロパティにoverrideをつけることで上書きが可能です。互換性の
ある型を持っている必要があります。

```
open class Animal {
    // オーバーライドされるプロパティにキーワードopenをつける
    open val name: String = ""
}

class Cat: Animal() {
    // オーバーライドするプロパティにキーワードoverrideをつける
    override val name: String = "mike"
}
```

valプロパティをvarプロパティでオーバーライド（上書き）できますが、varプロパティをvalプロパティでオーバーライドできません。

→ スーパークラス実装の呼び出し

サブクラスは、キーワードsuperを使ってスーパークラスのメソッドやプロパティを呼び出すことができます。

▼リスト2-78

```
open class Animal {
    open fun say() { print("Animal") }
}

class Cat: Animal() {
    override fun say() {
        // スーパークラスのメソッドを呼び出す
        super.say()
    }
}
val cat = Cat()
cat.say()

Animal
```

→ インターフェースを宣言する

インターフェース(interface)とは、クラスの仕様を定義したものです。インターフェースはインスタンス化できず、具体的な実装はインターフェースを実装するクラスに任せます。インターフェースを実装したクラスは、異なる型でも同じように扱うことができるよ

うになります。

インターフェースの宣言の書式は以下のようになります。

▼リスト2-79　書式：インターフェースの宣言

```
// インターフェースの宣言
interface インターフェース名 { }
```

▼リスト2-80　使用例

```
interface Animal {
    fun say()
}
```

➡ インターフェースを実装する

インターフェースを実装するクラスは、インターフェースが定めるメソッドを実装する
必要があります。インターフェースを実装する場合の書式は以下のとおりです。

▼リスト2-81　書式：インターフェースの実装

```
// インターフェースの実装
class クラス名 : インターフェース名1, インターフェース名2 {
    override インターフェースで定義されている関数
}
```

ここでは、例としてCatクラスとDogクラスを作り、Animalインターフェースを実装し
てみます。インターフェースで定義された関数にoverrideをつけて、具体的な処理を記
述します。

▼リスト2-82

```
// Animalのインターフェース
interface Animal {
    fun say()
}

// 以下実装クラス
class Cat : Animal {
    // 実装クラスの関数にはキーワードoverrideをつける
    override fun say() = print("meow")
}
```

```
class Dog : Animal {
    override fun say() = print("bow wow")
}

val cat = Cat()
val dog = Dog()

cat.say() // meow
dog.say() // bow wow
```

→ インターフェースのプロパティ

Kotlinでは、インターフェースにプロパティを宣言できます。

▼リスト2-83　プロパティのインターフェース

```
interface Animal {
    val name: String
}

class Cat : Animal {
    override val name: String = "mike"
}

val cat = Cat()
print(cat.name) // mike
```

→ パッケージ

これまでの記述ではREPLを使ってきましたが、実際のプロジェクトでは、ソースコードをファイルで管理することになります。ソースコードの拡張子は.ktで、ファイルの先頭にパッケージ宣言を記述します。また、ソースコードはパッケージで指定された適切な場所に配置する必要があります。パッケージ名が重複しないための慣習として、所属する会社や組織のドメイン名を使います。個人での開発ではメールアドレスを使うこともあります。

▼リスト2-84　Foobaa.kt

```
package com.cmtaro.app
class Foobaa { }
```

パッケージが com.cmtaro.app の場合、Android Studioでは以下のパスにファイルを配置します。

▼リスト2-85

```
アプリケーションフォルダ/app/src/main/java/com/cmtaro/app/Foobaa.kt
```

➡ 可視性修飾子

クラスやプロパティ、関数は可視性修飾子が指定できます。基本的な考え方として、privateが使えないか検討し、必要に応じてpublicにしてください。たとえば、公開する必要のないプロパティにprivate修飾子をつけ忘れると外部から変更が可能になり、予期しない不具合の原因となることがあります。

▼表2-9 おもな可視性修飾子

種類	内容
public	制限なし
指定なし	public と同じ
private	そのファイル内のみ
protected	そのファイルとサブクラス内
internal	同じモジュール内

▼リスト2-86 想定外の使われ方をするケース

```
class Cat {
    var name: String = "cat"
    fun showName() { print(name) }
}

val cat = Cat()
cat.name = "dog" // 想定外の使われ方をしている
cat.showName() // dog
```

➡ インポート

Kotlin標準ライブラリには、数学関連のmathなど便利なモジュールがあらかじめ用意されています。これら別モジュールが提供する機能を使うためには、import文を使ってあらかじめ読み込んでおく必要があります。自分で作ったソースコードも同様にインポート宣言が必要です。以下はmax関数を読み込む例です。

▼リスト2-87　max関数の読み込み

```
import kotlin.math.max
val a: Int = max(3, 6) // 6 max()は2つの値のうち大きい方の値を返す
```

ライブラリが提供するすべての機能を使いたい場合は、*を使います。

▼リスト2-88

```
import kotlin.math.* // mathパッケージ全体が使用可能になる
val a: Int = max(3, 6) // 6
val b: Int = abs(-10) // 10 abs()は絶対値を返す
```

→ データクラス

　プログラミングでは、データの保持を目的とするクラスを作成することがよくあります。データクラスは、オブジェクトが同じか調べたり、オブジェクトの内容をログに出力したりといった機能を必要とします。Kotlinでは、データクラスと呼ばれるものがあります。

　classの前にキーワードdataをつけると、コンパイラーがデータクラスで必要とされるequals()、hashCode()、toString()などのメソッドを自動的に生成してくれます。

▼リスト2-89

```
data class Cat(val name: String, val age: Int)
```

　以下の例でキーワードdataを省いた場合、同じ内容のオブジェクトでも等しいとはみなされずfalseとなります。

▼リスト2-90

```
data class Cat(val name: String) // キーワードdataを外すと結果はfalseになる
val mike1 = Cat("mike")
val mike2 = Cat("mike")
print(mike1 == mike2) // データクラスでない場合はfalseとなる

true
```

2-7 高階関数とラムダ

Kotlinでは、関数自体を引数にしたり返り値にできます。Kotlin標準ライブラリでは「関数を引数にとる関数」が多数定義されています。このような関数を高階関数と言います。

Kotlin標準ライブラリの高階関数を使う場合、引数として関数を渡す時に便利なのがラムダ式です。

ラムダ式とは、関数オブジェクトを生成するコードのことです。

▼リスト2-91　書式：ラムダ式

```
{ 引数 ->
    // 本体
}
```

ラムダ式を使った例は以下のとおりです。

▼リスト2-92

```
val multiply: (Int, Int) -> Int = { a: Int, b: Int ->
    a * b
}
val result = multiply(12, 10)
print(result)

120
```

Kotlinは、変数に関数を代入できます。multiplyが変数名で、型は(Int, Int) -> Intです。引数が(Int, Int)、返り値がIntの関数であれば変数に代入ができます。{}がラムダ式です。a: Int, b: Intが仮引数です。->以降のa * bが本体です。最後の文がラムダ式の結果として返されるので、returnは不要です。

➡ sortBy()でラムダ式を指定する

MutableListの持つsortBy()を使ってソートしてみましょう。sortByの引数は関数で

す。ラムダ式で関数オブジェクトを生成して引数とします。関数の引数は任意の型、返り値はComparableインターフェースを持つIntやStringが使えます。例として、リストにCatオブジェクトを複数格納して、ソート順はCatクラスのageの昇順でソートしてみます。

▼リスト2-93

```
data class Cat(val age: Int)
val cats = mutableListOf(Cat(10), Cat(4), Cat(2))
cats.sortBy(
    { cat: Cat -> // ラムダ式で関数オブジェクトを生成
        cat.age // ラムダ式は最後の行が返り値になる
    }
)
print(cats)
-----
Cat(age=2), Cat(age=4), Cat(age=10)
```

　sortBy()はリスト自身を更新するので、mutableListOfでリストを生成する必要があります。sortByの後にある{}がラムダ式の本体です。cat: Catは、ラムダ式の引数です。->の後にラムダ式の本体を記述します。ラムダ式は最後の文が返り値になるので、cat.ageが返り値になります。cat.ageを使って昇順ソートします。

　ラムダ式でも型推論が有効なケースでは、関数型やラムダ式の引数の型が省略できます。

▼リスト2-94

```
// 関数型の省略
val milesToKm = { i: Int ->
    i * 1.6
}

// 引数の型を省略
val milesToKm: (Int) -> Double = { i ->
    i * 1.6
}
```

　引数が1つの場合は引数を省略して、暗黙的な引数itを使うことができます。

▼リスト2-95

```
// ラムダ式の引数を省略
val milesToKm: (Int) -> Double = {
    it * 1.6
}
```

　Kotlin標準ライブラリでは、引数の最後が関数のメソッドが多く定義されています。Kotlinでは、引数の最後が関数の場合は、ラムダ式を引数リストの外に出すことができます。また、引数が1つの場合は()も省略が可能です。

　これらを駆使すると、この節で紹介したプログラムは、以下のようにここまで短くなります。

▼リスト2-96

```
data class Cat(val age: Int)
val cats = mutableListOf(Cat(10), Cat(4), Cat(2))
cats.sortBy { it.age }
```

2-8 スコープ関数と拡張関数

→ スコープ関数

Kotlin標準ライブラリには、簡潔で読みやすいコードを書くしくみとしてスコープ関数があります。スコープ関数にはapply、also、letなどがあります。実際の開発ではapply、also、letが好んで使われています。

▼表2-10 よく使われるスコープ関数

スコープ関数	オブジェクトへのアクセス	返り値
apply	this	対象オブジェクト
also	it	対象オブジェクト
let	it	ラムダ

■ apply

applyは、オブジェクトが持つメソッドを実行したり、プロパティの設定を簡潔に記述できます。

▼リスト2-97 書式：apply

```
オブジェクト.apply {
    //処理
}
```

▼リスト2-98 記述例

```
data class Cat(var name: String, var weight: Int? = 0)
val cat = Cat("mike").apply {
    weight = 10
}
print("${cat.name} ${cat.weight}")

mike 10
```

Cat("mike")でオブジェクトを生成して、.（ピリオド）に続けてapply関数を呼び出します。apply関数の処理は{}の中に記述します。{}の中ではCatオブジェクトに直接アク

セスできるので、weightに10を設定しています。

■ also

alsoの用途はapplyと同じです。applyとの違いは、{}の中で引数に名前をつけられる点です。引数名を省略した場合、引数名はitになります。処理が長くなる場合は、引数名をつけることでプログラムの見通しがよくなります。

▼リスト2-99　記述例

```
data class Cat(var name: String, var weight: Int? = 0)
val cat = Cat("mike").also {
    it.weight = 10
}
print(cat)

Cat(name=mike, weight=10)
```

applyと異なるのは、weightの前にit.があるかどうかだけです。ラムダ式の引数名を省略しているので、オブジェクトにはitでアクセスします。

■ let

letは、null以外の場合のみコードブロックを実行するためによく使われます。applyやalsoと大きく異なるのは、返り値がラムダ式の結果となることです。{}の中では引数に名前をつけることができます。

▼リスト2-100　記述例

```
class Cat(var name: String? = null)
val cat: Cat? = Cat("mike") // Cat()をnullに書き換えると何も起こらなくなる
val catName: String? = cat?.let {
    it.name // ラムダ式の結果が返り値
}
print(catName)

mike
```

変数catはnullになる可能性があるので?で安全にアクセスできるようにします。.（ピリオド）に続けてlet関数を呼び出します。{}の中では、引数に名前をつけることができます。引数を省略した場合はitでアクセスできます。

➡ 拡張関数

拡張関数とは、既存のクラスを継承せずにメソッドを追加できる機能です。たとえば、String や Int など変更できないクラスに新しいメソッドが定義できます。

▼リスト2-101　書式：拡張関数

```
fun レシーバーの型.関数名(引数): 返り値 {
    // 本体
}
```

fun に続けて拡張したいレシーバーの型とメソッド名を.（ピリオド）でつなげます。レシーバーとはメソッドを呼び出す自身のことです。引数と返り値がある場合は指定します。{} の中に処理を記述します。{} 内では this を使ってレシーバーオブジェクトにアクセスします。

以下の例は、String が Long かどうかを判定する拡張関数です。

▼リスト2-102

```
fun String.isLong(): Boolean {
    return this.toLongOrNull() != null
}
print("1234".isLong())

true
```

"1234" がレシーバーとなる文字列オブジェクトで、{} の中で this を使ってアクセスできます。toLongOrNull() は Kotlin 標準関数です。文字列を Long に変換できる場合は Long、変換できない場合は null を返します。

拡張関数も型推論が有効な場合は、返り値の型の記述が省略できます。

▼リスト2-103

```
// 返り値の型を省略。また1行だけのメソッドは=で定義可能
fun String.isLong() = this.toLongOrNull() != null
```

2-9 コルーチンと Kotlin Coroutines Flow

この節では、非同期処理をするためのしくみであるコルーチン（Coroutine）を学びます。

Androidアプリには、メインスレッドが1つ存在します。メインスレッドは画面の描画やユーザーの入力を受け付けたりするため、このスレッドに負荷がかかると、描画が遅れたりユーザーの入力受け付けが遅れたりします。そうなってしまうと、アプリの快適性を損ねてしまいます。コルーチンを使えば、メインスレッドをブロックすることなく非同期処理が記述できます。

➡ プロジェクトの設定

コルーチンはライブラリで提供されています。プロジェクトで使用するには、appフォルダ内のbuild.gradleファイルに以下の記述を追記します。build.gradleファイルは2つあるので、まちがえないように注意してください。

▼リスト2-104　build.gradle

```
dependencies {
    // （中略）
    implementation "org.jetbrains.kotlinx:kotlinx-coroutines-core:1.3.3"
}
```

➡ コルーチンとは

コルーチンは「中断・再開可能な計算インスタンス」です。関数の途中でいったん処理を停止して、後で続きから再開させることができます。

以下のプログラムは、「Hello,」を表示して、1秒後に「World!」を表示します。コメントの(1)から(4)は処理順を表します。

▼リスト2-105

```
import kotlinx.coroutines.* // コルーチンライブラリをインポート
```

```
GlobalScope.launch { // (1)コルーチンを起動
    delay(1000L) // (2)コルーチンを1秒中断する
    print("World!") // (4)1秒後にWorld!を表示
}
print("Hello,") // (3)Hello,を表示
-----
Hello,World!
```

（1）の GlobalScope は、アプリケーションと同じ生存期間を持つコルーチンスコープで
す。コルーチンスコープのおもな役割は、コルーチンの管理です。launch はコルーチン
ビルダーです。コルーチンの生成と起動にはコルーチンスコープが持つコルーチンビル
ダーを使います。{}内には時間のかかる処理本体を記述します。

（2）の delay() は、コルーチンライブラリに定義されている中断関数です。呼ばれると
すぐにコルーチンを中断して、指定した時間後にコルーチンを再開します。

（3）のコルーチンは非同期処理なので、コルーチンの起動とほぼ同時にメインスレッ
ドで「Hello,」を表示します。1秒後にコルーチンが再開され、（4）の処理が実行され
ます。

→ 中断関数

先ほど説明した delay() は、コルーチンライブラリに定義された中断関数と説明しま
した。delay() の定義を見てみましょう。

▼リスト2-106　delay()の実装抜粋

```
public suspend fun delay(timeMillis: Long) {
    // （中略）
}
```

fun の前にキーワード suspend が記述されています。suspend が記述されていると関数
は中断関数になり、「コルーチン」もしくは「ほかの中断関数」からしか呼び出すことが
できません。中断関数が呼び出されてコルーチンが中断している間はスレッドがプール
に返され、処理が終わるとプール内のスレッドでコルーチンが再開されます。

→ コルーチンディスパッチャー

コルーチンビルダーの launch は、引数にコルーチンディスパッチャーを指定できま
す。コルーチンディスパッチャーの役割は、コルーチンをスレッドに割り当てることで

す。ディスクやネットワークにアクセスするような処理には`Dispatchers.IO`を指定します。`launch`の引数を省略した場合は`Dispatchers.Default`が適用されます。

▼リスト2-107

```
GlobalScope.launch(Dispatchers.IO) { // ディスパッチャーを指定してコルーチンを起動
    doSomething() // ディスクやネットワークにアクセスする中断関数
}
```

▼表2-11　コルーチンディスパッチャー

種類	説明
Dispatchers.Main	メインスレッド。UIの操作や中断関数の呼び出し。
Dispatchers.IO	メインスレッド以外。ディスクやネットワークを操作する時に最適
Dispatchers.Default	メインスレッド以外。CPUに負荷がかかる処理に最適

➡ スコープのキャンセル

コルーチンビルダー`launch`の返り値はJobです。`cancel()`を呼び出すことでコルーチンをキャンセルできます。コルーチンスコープはコルーチンを管理していて、スコープがキャンセルされた時にスコープ内のコルーチンをすべてキャンセルしてくれます。

▼リスト2-108

```
import kotlinx.coroutines.*

val job: Job = GlobalScope.launch { // 親コルーチン
    this.launch { // 子コルーチン。親のスコープとひもづける。thisは省略可能
        delay(1000L)
        print("World!")
    }
}
print("Hello,")
job.cancel()
-----
Hello,
```

➡ コルーチンの並列処理

コルーチンで並列処理をしたい時は、コルーチンビルダーのasyncを使います。asyncは返り値としてDeferredを返します。`await()`を呼び出すことでコルーチンが中断されます。

```
import kotlinx.coroutines.*
import java.util.Date

// 1秒後にfooを返す
suspend fun foo(): String {
    delay(1000L)
    return "foo"
}

// 2秒後にbaaを返す
suspend fun baa(): String {
    delay(2000L)
    return "baa"
}

GlobalScope.launch {
    val start = Date().time
    val foo: Deferred<String> = async { foo() }
    val baa: Deferred<String> = async { baa() }
    print("${foo.await()}${baa.await()}") // 両方のsuspend関数が終了する2秒後に
foobaaが表示される
    print("${Date().time - start}ミリ秒")
}
-----
foobaa2007ms
```

　この節ではコルーチンスコープにはGlobalScopeを使ってきましたが、第3章のサンプルアプリではGlobalScopeの代わりに、Android KTXで提供されるViewModel KTXに含まれるviewModelScopeを使っています。くわしくは後述します。

→ Kotlin Coroutines Flow

　KotlinのFlow APIは、**suspend**関数が使えるコールドストリームです。ストリームとは連続したデータの流れやデータの送受信を連続で処理することを指します。Flowを使うことで、順番に出力するデータストリームを非同期で実行できます。かんたんな例を使って説明します。

▼リスト2-110

```
import kotlinx.coroutines.*
import kotlinx.coroutines.flow.*
```

```
// Flowを返す関数
fun foobaa(): Flow<Int> = flow<Int> { // (1)flowビルダーでflowを生成
    print("flow-start, ")
    for (i in 0..2) {
        delay(1000) // 何らかの時間のかかる処理
        emit(i) // (2)emitで値を送信
    }
    print("flow-end, ")
}

GlobalScope.launch { // (3)Flowの呼び出し

    val f: Flow<Int> = foobaa() // (4)関数を呼び出しているが、動作しない！

    print("collect-start, ")
    f.collect { i -> // (5)collect()で値の収集を開始すると...
        println("i=$i, ") // flowの中でemit()が呼ばれるたびに値が受信できる
    }
    print("collect-end")
}
-----
collect-start, flow-start, i=0, i=1, i=2, flow-end, collect-end
```

(1) foobaa()は、引数なし、返り値がFlow<Int>の関数です。{}のブロック内では任意のsuspend関数を呼び出せます。

(2) emitは値を送信するsuspend関数です。コルーチンを1秒停止させ、emit()で値を送信します。emitの英語の意味は「放出する」です。

(3) 実際にこの関数を使っているのが、GlobalScope.launch()のブロックです。

(4) 冒頭でFlowはコールドストリームと説明しました。コールドストリームの特徴は、だれかにsubscribe(購読/受信)されてから初めてデータを流し始めるので、foobaa()関数を呼び出してもfoobaa()のブロック内処理は実行されません。

(5) collect()でflowのsubscribeを開始します。するとfoobaa()の処理が動き始めます。foobaa()内ではループで3回、1秒おきにemitが呼び出されます。emit()が呼び出される度に、collect()のブロックで値を受信できます。

　第3章のサンプルアプリでは、画面のライフサイクルに合わせてタイマー処理するためにCoroutines Flowを使用しています。

第 **3** 章

Android アプリを
作ってみる

基本的なAndroidアプリの作り方を押さえる

→ Android SDKフレームワークでアプリを開発する

Androidアプリ開発では、アプリをかんたんにつくるために、Android SDKが用意されています。アプリ開発者は、作りたいアプリに合わせて、SDKのコンポーネントを組み合わせてアプリを作ります。

SDKのコンポーネントの組み合わせで解決できない場合は、自分でオリジナルをつくることも可能です。多くの場合、SDKのコンポーネントにカスタマイズするオプションが用意されているので、すぐにオリジナルのコンポーネントを作るのではなく、コンポーネントのカスタマイズと組み合わせで解決できないか調査します。

Androidは、毎年新しいOSのバージョンがリリースされ、新しい機能が多くリリースされています。OSバージョンごとに使える機能・コンポーネントが異なるため、対応するOSバージョンに合わせて実装する必要があります。もし、OSで対応していない機能を利用すると、クラッシュしてアプリが強制終了してしまいます。

対応するOSは、少なくとも3〜4年前のバージョンから現在のバージョンをサポートすることが多いと思います。特に、古くからリリースしているアプリについては、サポートするバージョンがより多くなる傾向があります。

新しいOSでは、セキュリティを強化する機能やより便利な機能が追加されます。また、既存の機能やコンポーネントが非推奨になったり削除されることもあります。開発者はバージョンごとに何が使えるかを正しく理解する必要があります。

→ サポートライブラリとJetpack

使える機能・コンポーネントをバージョンごとに正しく理解するにはかなり大変です。そこで、OSバージョン差を吸収するためのサポートライブラリが登場しました。また、OSバージョン差を吸収する以外にも、端末固有のUX、デバッグ、テスト、その他のユーティリティが含まれるようになりました。

サポートライブラリの名前には、「v4」「v7」「v13」といった名前がつきます。たとえば、「v4」の場合では「v4 Support Library」という名称になり、Android OS 3（APIレベ

ル11）以降で登場したFragmentが、Android 1.6（APIレベル4）以降でも利用できるようになりました。つまり、最新機能をAPIレベル4以降で使えるようにしたライブラリということです。

ただし、すべての最新機能が「v4」から使えるわけではなく、下限バージョンがあります。たとえば、CardViewやRecylerViewは「v7」以降のサポートライブラリから使えます。

- サポートライブラリ（Androidデベロッパー）：
https://developer.android.com/topic/libraries/support-library

■ AndroidXとJetpackの登場

サポートライブラリはOSバージョンが上がるにつれ増えていき、サポートライブラリのバージョンも「28」まで増えていきました。そこで、Android 9.0（APIレベル28）のリリース以降、これまでのサポートライブラリを統合した新しいライブラリとして、AndroidXが登場しました。AndroidXはJetpackの一部となっていて、既存のサポートライブラリのほか、最新のJetpackコンポーネントも含まれています。既存プロジェクトもAndroidXに移行することが推奨されていて、今後新規でアプリを作る場合は、Jetpack内のAndroidXで開発することになります。

また、Jetpackは単にサポートライブラリの統合としてではなく、開発の加速、ボイラープレートコードの排除、高品質で堅牢なアプリの作成を目指し、Android開発の便利ツールとしても提供されています。今後の開発現場でも、Jetpackコンポーネントが多く使われることでしょう。

JetPackで提供される機能の一覧は以下のとおりです。日々新しい機能が追加・変更されているので、1度公式ページで確認しておきましょう。

- Jetpack（Androidデベロッパー）：https://developer.android.com/jetpack

▼表3-1 基盤

機能	説明
Android KTX	Kotlinで記述するときに便利なコンポーネント
AppCompat	古いOSバージョンと互換性を保つコンポーネント
Auto	Android Auto用のアプリの開発をサポートするコンポーネント
ベンチマーク	Kotlinでも Java でも、Android Studioからすぐにベンチマークテストができるコンポーネント
Multidex	複数のDEXファイルを使用するアプリをサポートする
セキュリティ	セキュリティに関するおすすめの方法に沿って、暗号化ファイルと共有の環境設定に対して読み取り、書き込みをおこなうコンポーネント
テスト	単体テストおよびランタイムUIテスト用のAndroidテストフレームワーク
TV	Android TV用のアプリの開発をサポートするコンポーネント
Wear OS by Google	Wear用のアプリの開発をサポートするコンポーネント

▼表3-2 アーキテクチャ

機能	説明
データバインディング	監視可能なデータをUI要素に宣言的にバインドするコンポーネント
Lifecycle	アクティビティとフラグメントのライフサイクルを管理するコンポーネント
LiveData	データが変更されたときに通知するコンポーネント
Navigation	アプリ内ナビゲーションのコンポーネント
Paging	データソースからオンデマンドで情報を徐々に読み込むコンポーネント
Room	SQLiteデータベースにスムーズにアクセスするコンポーネント
ViewModel	ライフサイクルを意識した方法でUI関連のデータを管理するコンポーネント
WorkManager	Androidのバックグラウンドジョブを管理するコンポーネント

▼表3-3 動作

機能	説明
CameraX	カメラの表示・制御をするコンポーネント
ダウンロードマネージャー	大規模なダウンロードのスケジュール設定と管理するコンポーネント
メディアと再生	メディアの再生とルーティング（Google Castを含む）用の下位互換性を備えたAPIを提供するコンポーネント
通知	WearとAutoに対応した、下位互換性を備えた通知APIを提供するコンポーネント
権限	アプリの権限の確認とリクエストをおこなうための互換性APIを提供するコンポーネント
設定	インタラクティブな設定画面を作成するコンポーネント
共有	アプリのアクションバーに適した共有アクションを提供するコンポーネント
スライス	アプリデータをアプリの外部で表示できる柔軟なUI要素を作成するコンポーネント

機能	説明
アニメーションと遷移	ウィジェットの移動と画面間の遷移をおこなう
絵文字	古いプラットフォームで最新の絵文字フォントを使用できるようにする
フラグメント	構成可能なUIの基本単位
レイアウト	さまざまなアルゴリズムを使用してウィジェットをレイアウトする
Palette	カラーパレットから有益な情報を取り出す

➡ 10秒連打アプリを作ろう

本章では、Jatpackを使ってかんたんなアプリを作ってみます。サンプルアプリとして、「10秒間で何連打できるか競うゲーム」を取り上げます。

ここで作る画面は、以下のような3つの画面です。

▼図3-1　サンプルアプリの画面

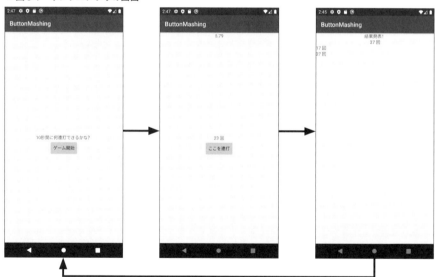

- タイトル画面：ゲームのスタート画面。ゲームのタイトルとゲームスタートボタンがあります。ゲームのスタートボタンをして、ゲーム画面に遷移します。
- ゲーム画面：実際のゲーム画面。10秒からカウントダウンするタイマー表示と連打するボタンがあります。10秒経過後結果画面に遷移します。
- 結果画面：10秒間の連打回数の結果を表示する画面。今回の連打回数、今までの連打記録があります。

今回使用するJetpackの機能は、以下のとおりです。

▼表3-5　サンプルアプリで使用するJetpackの機能

機能名	内容
Navigation	画面の管理します。画面の遷移や遷移アニメーションを管理します。
LiveData	データ管理し、変化があるときに通知します。また、データをViewに反映するときも使います。
ViewModel	Activity/Fragmentのライフサイクルを意識した方法でUI関連のデータを保存および管理するためのクラスです。画面回転の対応や複数のFragment間でデータを共有する時に使うと便利です。
DataBinding	レイアウト内のUIコンポーネントをアプリのデータソースにバインドできるサポートライブラリです。Viewとデータの関係を記述していて、データが変更されると自動的にViewも変更されます。

　そのほかにも、Android KTXを使用します。Android KTXは、Jetpackなどで Kotlinをかんたんに書けるようにするライブラリです。Android SDKはJavaで書かれているので、KotlinとJavaに互換性があるとはいえ、そのまま利用すると長いコードになりがちです。そのため、Kotlinを簡潔にするためにAndroid KTXを使います。

　また、Jetpackの使い方に焦点を当てるため、画像挿入や文字サイズ・スタイル設定などの装飾に関しては、本章では扱いません。より学習を深めるためには、以下のような仕様変更をして、UI/UXが良いアプリにしてみるのもおすすめです。

- 文字のサイズ・色を調整する
- レイアウトを変更する
- ボタンをボタン画像にする
- リトライボタンをつける
- 押したときにアニメーションをつける
- BGM・効果音をつける

3-2 タイトル画面を作る

➡ 新規プロジェクトを用意する

1-4節のプロジェクト生成を参照しながら、以下のプロジェクトを作成します。

▼表3-6　作成するプロジェクト

項目名	値
Name	ButtonMashing
Package name	com.cmtaro.app.buttonmashing
Save location	任意のパス
Language	Kotlin
Minimum SDK	API23

▼図3-2　新規プロジェクト作成

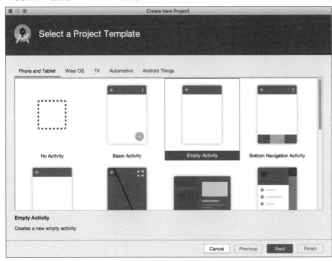

▼**図3-3　新規プロジェクト作成**

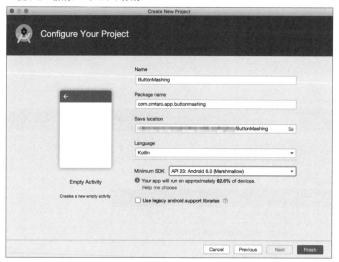

　まずは、1行も変更していない状態で動作確認をします。「Run」ボタンを押して、作ったばかりのプロジェクトがビルドできるか確認しましょう。もし、うまく起動できない場合は第1章を確認してください。

➡ タイトルを変更する

　Androidで画面を作るには以下の2つのファイルを作成します。

- 画面の動作を管理するActivityファイル
- 画面のUIを作るレイアウトファイル

　新しいプロジェクトを生成後、すでにMainActivity.ktとactivity_main.xmlの2つファイルが作られています。今回は新しく作成せず、生成済みのものを利用することにします。

- 画面管理するファイル：app/src/main/java/com/cmtaro/app/buttonmashing/Main
  Activity.kt
- レイアウトファイル：app/src/main/res/layout/activity_main.xml

　Activityとレイアウトファイルのひもづけは、以下のようにActivityファイルでおこな

います。

▼リスト3-1

```
class MainActivity : AppCompatActivity() {

    override fun onCreate(savedInstanceState: Bundle?) {
        super.onCreate(savedInstanceState)
        setContentView(R.layout.activity_main) // ここで紐付けをしている
    }
}
```

それでは、activity_main.xmlのTextViewのTextを以下のように編集してみます。

▼リスト3-2

```
<?xml version="1.0" encoding="utf-8"?>
<androidx.constraintlayout.widget.ConstraintLayout xmlns:android="http://schemas.
android.com/apk/res/android"
  xmlns:app="http://schemas.android.com/apk/res-auto"
  xmlns:tools="http://schemas.android.com/tools"
  android:layout_width="match_parent"
  android:layout_height="match_parent"
  tools:context=".MainActivity">

  <TextView
    android:layout_width="wrap_content"
    android:layout_height="wrap_content"
    android:text="10秒間に何連打できるかな？ "
    app:layout_constraintBottom_toBottomOf="parent"
    app:layout_constraintLeft_toLeftOf="parent"
    app:layout_constraintRight_toRightOf="parent"
    app:layout_constraintTop_toTopOf="parent" />

</androidx.constraintlayout.widget.ConstraintLayout>
```

変更後、「Run」ボタンで実行します。変わっていれば成功です。

▼図3-4 文言変更

■ レイアウトファイルの XML

　Androidのレイアウトファイルは、XMLで記述されています。Androidのリソース設定はXMLで記述されることが多いです。

　XMLは、要素と属性で構成され、要素で囲むようなフォーマットになっています。要素の設定は属性と属性値で設定します。先ほどのLayoutのファイルの例では、以下のとおりです。

- 要素：androidx.constraintlayout.widget.ConstraintLayout、TextViewな ど、<> 〜 </>の部分
- 属性：android:layout_width、android:layout_height など、=の前の部分
- 属性値：parent、wrap_content など、=の後の部分

Column ▶ Android Studioのレイアウト編集画面

Android Studioのレイアウト編集画面は、Design EditorとText Editorの2つの
モードがあります。Design Editorは、レイアウトのプレビューとGUIによる操作でレ
イアウトファイルが作られます。Text Editorは、実際のレイアウトXMLをテキストを
そのまま編集するモードです。Android Studio 4.0ではここから切り替えます。

▼図3-5　Design Editorモード

モードの切り替え

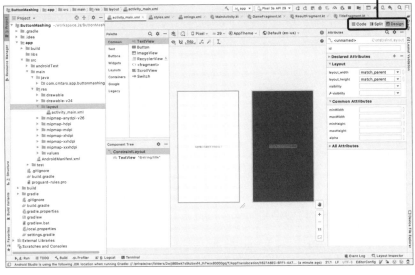

▼図3-6　Splitモード

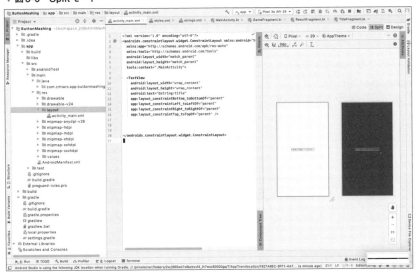

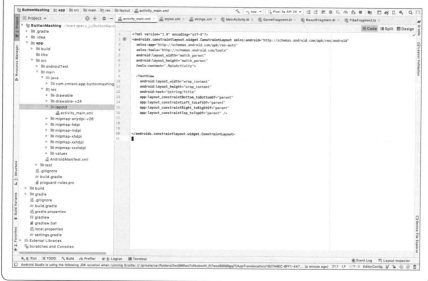

Column ▶ **Rクラスについて**

　Androidには、AAPT2（Android Asset Packaging Tool）というリソースをコンパイル・パッケージ化するために使用するビルドツールがあります。ビルド時に**res/**以下のファイル（String、Drawable、レイアウト）にアクセスするためのリソースIDが生成されます。Java／Kotlinからは、R.javaのリソースIDを利用して、レイアウトファイル、Stringなどのリソースを設定できます。

- AAPT2（Androidデベロッパー）：https://developer.android.com/studio/command-line/aapt2?hl=ja
- リソースへのアクセス（Androidデベロッパー）：https://developer.android.com/guide/topics/resources/accessing-resources?hl=ja

---

➡ 文字列リソースを管理する

　「10秒間に何連打できるかな？」のような、レイアウトやダイアログなどで使用する文言は、文字列リソースと言います。文字列リソースはXMLで管理されています。プロジェクト生成時に**res/strings.xml**が生成されているので、今回はこれを使用して管理

します。

　文字列リソースをXMLで管理すると、「多言語化対応がしやすくなる」「同じ文言に統一しやすい」などさまざまなメリットがあります。積極的に使っていきましょう。

　strings.xmlに以下の内容を都度追加します。以降の節では、追加部分は割愛します。

▼リスト3-3　app/src/main/res/values/strings.xml

```
<resources>
    <string name="app_name">ButtonMashing</string>
    <string name="title">10秒間に何連打できるかな？</string> //追加
</resources>
```

▼リスト3-4　app/src/main/res/lauout/main_activity.xml

```
<?xml version="1.0" encoding="utf-8"?>
<androidx.constraintlayout.widget.ConstraintLayout xmlns:android="http://schemas.
android.com/apk/res/android"
  xmlns:app="http://schemas.android.com/apk/res-auto"
  xmlns:tools="http://schemas.android.com/tools"
  android:layout_width="match_parent"
  android:layout_height="match_parent"
  tools:context=".MainActivity">

  <TextView
    android:layout_width="wrap_content"
    android:layout_height="wrap_content"
    android:text="@string/title"
    app:layout_constraintBottom_toBottomOf="parent"
    app:layout_constraintLeft_toLeftOf="parent"
    app:layout_constraintRight_toRightOf="parent"
    app:layout_constraintTop_toTopOf="parent" />

</androidx.constraintlayout.widget.ConstraintLayout>
```

　起動して「Run」ボタンを押して確認してみましょう。

→ Androidの画面レイアウト方法

　レイアウトを構成するコンポーネントは、以下の2つですべて構成されています。

- View：ボタンやテキストなど、1つのパーツを管理する

- ViewGroup：1つまたは複数のボタンやテキストなど、ViewやViewGroupの位置や
　　　　　　サイズをまとめて管理する

　main_activity.xmlでは、ConstraintLayoutがViewGroup、TextViewがViewに
なります。

　ViewGroupは、**<ConstraintLayout>**～**</ConstraintLayout>**のように囲むことで、
管理するViewを設定できます。Viewの場合、子にViewは持てないので、**<TextView
/>** というように、最後に**/>**を書きます。これは、**<TextView>**～**</TextView>**の省略形で、
子を設定しないときの書き方です。

　Android SDKでは、以下のように、さまざまなViewGruopとViewが用意されてい
ます。

▼表3-7　Android SDKのおもなViewGroup

名前	内容
FrameLayout	重ねて表示するレイアウト
LinearLayout	縦／横一直線に並べるレイアウト
ScrollView	画面の外にレイアウトがあるときスクロールするレイアウト
RelativeLayout	画面やViewの相対位置で表示するレイアウト
ConstraintLayout	RelativeLayoutをもっと高機能にしたレイアウト

▼表3-8　Android SDKのおもなView

名前	内容
Button	ボタン
TextView	テキスト
ImageView	画像
CheckBox	チェックボックス

　Androidにはさまざまな端末があり、画面の比率サイズは端末ごとにバラバラです。
すべての端末できれいなレイアウトを作るために、相対的な位置を設定するRelative
Layout、ConstraintLayoutを使うケースが多くあります。今回は、ConstraintLayoutを
使用してレイアウトを作ります。

　実際の開発では、FrameLayout、LinearLayout、RelativeLayout、ScrollViewなども多
く使われます。開発をひと通り学んだら、いろんなレイアウトを使って試してみましょう。

■ ConstraintLayoutとは

　ConstraintLayoutは、View同士の相対的な位置を設定するレイアウトです。相対

的な位置は制約として設定します。制約はレイアウトファイル内に記述し、Viewの設定は属性で記述します。

制約は、2つの位置を起点に設定できます。

- View：テキストの右、ボタンの上、ヘッダーレイアウトの下に8dpマージンをとるなど、
    Viewからの位置の制約
- Parent：レイアウトの画面左端、上端など、ConstraintLayout自身からの位置の制約

ConstraintLayoutでは、少なくとも縦と横の2つの制約が必要です。たとえば、縦はヘッダーの下に、横はタイトルの左に配置するなどです。

しかし、このままだとテキストが長文になってしまった場合、画面から飛び出してしまいます。そのため、多く場合サイズ限界の制約も設定します。たとえば、縦はヘッダーの上からテキストの縦の長さに合わせる、横は画面左端から画面右端まで、などです。

■ ConstraintLayoutを使ってみよう

実際にConstraintLayoutを使ってみます。レイアウトの説明は、ビジュアルモードではなくテキストモードで説明します。ビジュアルモードは直感的な操作がとてもかんたんなのですが、なにか問題が起きたときに対応が難しいため、最終的にはテキストモードにして編集する場合が多いです。本書ではテキストモードで説明します。

まず、ConstraintLayoutを使うときに必要な設定があるかどうか確認します。ConstraintLayoutの位置を調整する属性は標準にはないので、以下の記述があるか確認します。

▼リスト3-5

```
xmlns:app="http://schemas.android.com/apk/res-auto"
```

もし必要な設定が足りない場合、Android Studioでは以下のように赤くなります。

▼図3-8　layout_constraintBottom_toBottomOf

```xml
<?xml version="1.0" encoding="utf-8"?>
<androidx.constraintlayout.widget.ConstraintLayout
    xmlns:android="http://schemas.android.com/apk/res/android"
    xmlns:tools="http://schemas.android.com/tools"
    android:layout_width="match_parent"
    android:layout_height="match_parent"
    tools:context=".MainActivity">

    <TextView
        android:layout_width="wrap_content"
        android:layout_height="wrap_content"
        android:text="10秒間に何連打できるかな？"
        app:layout_constraintBottom_toBottomOf="parent"
        app:layout_constraintLeft_toLeftOf="parent"
        app:layout_constraintRight_toRightOf="parent"
        app:layout_constraintTop_toTopOf="parent" />
</androidx.constraintlayout.widget.ConstraintLayout>
```

追加する位置は、レイアウトファイルで始めに記述する要素に追加します。

▼リスト3-6　app/src/main/res/lauout/main_activity.xml

```xml
<?xml version="1.0" encoding="utf-8"?>
<androidx.constraintlayout.widget.ConstraintLayout
    xmlns:android="http://schemas.android.com/apk/res/android"
    xmlns:app="http://schemas.android.com/apk/res-auto"   // ない場合は追加する
    xmlns:tools="http://schemas.android.com/tools"
    android:layout_width="match_parent"
    android:layout_height="match_parent"
    tools:context=".MainActivity">

    <TextView
        android:layout_width="wrap_content"
        android:layout_height="wrap_content"
        android:text="@string/title"
        app:layout_constraintBottom_toBottomOf="parent"
        app:layout_constraintLeft_toLeftOf="parent"
        app:layout_constraintRight_toRightOf="parent"
        app:layout_constraintTop_toTopOf="parent" />

</androidx.constraintlayout.widget.ConstraintLayout>
```

　プロジェクトの生成直後は、TextViewが真ん中に表示されるレイアウトになっています。制約の設定方法は以下のような法則になっています。

▼リスト3-7

```
app:layout_constraint[自分の位置]_to[相手の位置]Of="相手のID""
```

　たとえば、app:layout_constraintBottom_toBottomOf="parent"の場合は、「自分の下を相手の下につける」となります。相手とはparentを指しています。

▼図3-9　layout_constraintBottom_toBottomOf

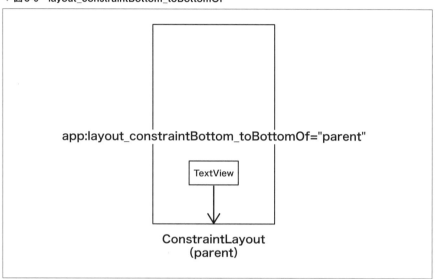

　app:layout_constraintTop_toTopOf="parent"は、「自分の上と相手の上をつける」ようになります。相手とはparentです。この場合のparentは画面全体を指しています。つまり、自分の上と画面の上がぴったりくっつきます。

　同様に、上下左右に制約をつけていきます。

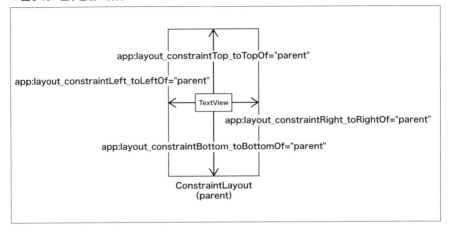

しかし、画面の上下左右にぴったり配置したはずなのに、実際は真ん中にあります。おかしいですね。本来なら縦いっぱいにテキスト表示されて良さそうです。

▼ 図3-11　イメージするレイアウト

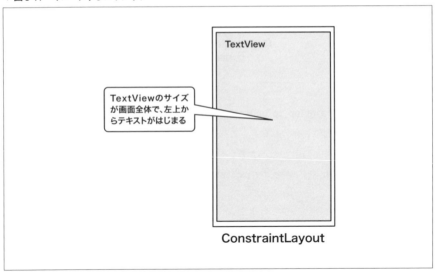

この問題は、Android Viewの位置とサイズの決まり方に関係しています。今のレイアウト設定の場合は、TextViewの縦のサイズは`android:layout_height="wrap_content"`で、実際のテキストのコンテンツの高さになります。位置はConstraintLayoutの制約に

従って配置します。ConstraintLayoutの上下までの制約があるので、上下からひもで同じ強さで引っ張られてるイメージです。しかし、サイズはコンテンツ高さが最大なので、余白部分が上下にひっぱられて真ん中に表示されます。

イメージするレイアウトにするには、このひっぱる強さを変更するがあります。縦の場合は、app:layout_constraintVertical_biasで変更できます。ビジュアルモードでも変更できるので、スライダーで調整してみましょう。

▼図3-12　ビジュアルモードで調整

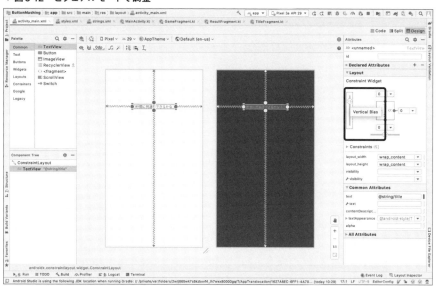

➡ ConstraintLayoutで縦横いっぱいに設定する

今回のアプリデザインのように、縦幅・横幅をいっぱいにするのはよくあるレイアウトです。ConstraintLayoutでの設定方法について解説します。

上下の制約で説明すると、上下から同じ強さでひっぱることになりますが、サイズの高さがwrap_contentであるため、テキストの高さが最大となり、伸びないぶん余白ができてしまいます。すると、レイアウト自体が真ん中になります。

ここで、今度はwrap_contentを0dpに変更してみましょう。すると、縦幅いっぱいのレイアウトになりました。0dp以外の値は単純にそのサイズになるだけですが、0dpは特別な値であることがあります。この場合、0dpの意味は「自分のコンテンツ高さを無視して、制約いっぱいまでの高さ」という意味になります。高さが0dpのまま上下から

ひっぱられて、余白ではなくコンテンツ高さとして広げられるイメージです。

▼図3-13

ConstraintLayout以外の場合、幅いっぱいにするためにはmatch_parentを指定します。しかし、ConstraintLayoutでmatch_parentを使用すると、制約を無視して最大サイズになってしまうため、意図したレイアウトどおりにできない可能性があり注意が必要です。

▼リスト3-8　失敗例：中央にあるTextViewの下、レイアウトの下までのはずが、はみ出してしまっている

```xml
<?xml version="1.0" encoding="utf-8"?>
<androidx.constraintlayout.widget.ConstraintLayout xmlns:android="http://schemas.
android.com/apk/res/android"
    xmlns:app="http://schemas.android.com/apk/res-auto"
    xmlns:tools="http://schemas.android.com/tools"
    android:layout_width="match_parent"
    android:layout_height="match_parent"
    android:padding="30dp"
    tools:context=".MainActivity">

    <TextView
```

```
        android:id="@+id/test"
        android:layout_width="wrap_content"
        android:layout_height="wrap_content"
        android:text="center"
        app:layout_constraintBottom_toBottomOf="parent"
        app:layout_constraintLeft_toLeftOf="parent"
        app:layout_constraintRight_toRightOf="parent"
        app:layout_constraintTop_toTopOf="parent" />

    <TextView
        android:layout_width="wrap_content"
        android:layout_height="match_parent" // 高さをmatch_parentに設定
        android:text="centerの下"
        app:layout_constraintBottom_toBottomOf="parent"
        app:layout_constraintLeft_toLeftOf="parent"
        app:layout_constraintRight_toRightOf="parent"
        app:layout_constraintTop_toBottomOf="@id/test" />

</androidx.constraintlayout.widget.ConstraintLayout>
```

▼図3-14　失敗例

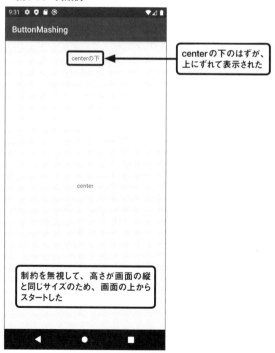

centerの下のはずが、
上にずれて表示された

制約を無視して、高さが画面の縦
と同じサイズのため、画面の上から
スタートした

▼リスト3-9　成功例

```xml
<?xml version="1.0" encoding="utf-8"?>
<androidx.constraintlayout.widget.ConstraintLayout xmlns:android="http://schemas.
android.com/apk/res/android"
    xmlns:app="http://schemas.android.com/apk/res-auto"
    xmlns:tools="http://schemas.android.com/tools"
    android:layout_width="match_parent"
    android:layout_height="match_parent"
    android:padding="30dp"
    tools:context=".MainActivity">

    <TextView
        android:id="@+id/test"
        android:layout_width="wrap_content"
        android:layout_height="wrap_content"
        android:text="center"
        app:layout_constraintBottom_toBottomOf="parent"
        app:layout_constraintLeft_toLeftOf="parent"
        app:layout_constraintRight_toRightOf="parent"
        app:layout_constraintTop_toTopOf="parent" />

    <TextView
        android:layout_width="wrap_content"
        android:layout_height="0dp" // 高さを0dpに設定
        android:text="centerの下"
        app:layout_constraintBottom_toBottomOf="parent"
        app:layout_constraintLeft_toLeftOf="parent"
        app:layout_constraintRight_toRightOf="parent"
        app:layout_constraintTop_toBottomOf="@id/test" />

</androidx.constraintlayout.widget.ConstraintLayout>
```

一時的にViewを非表示にする際は、0dpを設定するのではなく、Viewのvisibility
属性でgoneやinvisibleを設定するほうが適切です。

ゲーム画面に遷移するボタンを追加する

ボタンを新たにレイアウトファイルに追加します。

▼リスト3-10　app/src/main/res/layout/activity_main.xml

```
<?xml version="1.0" encoding="utf-8"?>
<androidx.constraintlayout.widget.ConstraintLayout xmlns:android="http://schemas.
android.com/apk/res/android"
    xmlns:app="http://schemas.android.com/apk/res-auto"
    xmlns:tools="http://schemas.android.com/tools"
    android:layout_width="match_parent"
    android:layout_height="match_parent"
    tools:context=".MainActivity">

    <TextView
        android:id="@+id/title_text"
```

```
        android:layout_width="wrap_content"
        android:layout_height="wrap_content"
        android:text="@string/title"
        app:layout_constraintBottom_toBottomOf="parent"
        app:layout_constraintLeft_toLeftOf="parent"
        app:layout_constraintRight_toRightOf="parent"
        app:layout_constraintTop_toTopOf="parent" />

    <Button
        android:id="@+id/start_button"
        android:layout_width="wrap_content"
        android:layout_height="wrap_content"
        android:text="@string/start_button"
        app:layout_constraintLeft_toLeftOf="parent"
        app:layout_constraintRight_toRightOf="parent"
        app:layout_constraintTop_toBottomOf="@id/title_text" />

</androidx.constraintlayout.widget.ConstraintLayout>
```

▼リスト3-11 app/src/main/res/values/strings.xml

```
<string name="start_button">ゲーム開始</string>
```

ConstraintLayoutやActivity/Fragmentなどから対象のViewを取得する際に、**id**で検索して取得します。今回の場合は、テキストの下にボタンを配置するので、テキストにidを設定し、そのidの下にボタンを配置します。まずは、TextViewに**tilte_text**というidを設定します。idの付け方は以下のとおりです。

▼リスト3-12

```
android:id="@+id/[id名前]"
```

▼リスト3-13

```
<TextView
    android:id="@+id/title_text"
    (中略)
/>
```

次に、Buttonの位置を設定します。位置の設定方法は以下のとおりです。

```
app:ayout_constraint[自分の位置]_to[相手の位置]Of="相手の名前"
```

▼リスト3-15

```
<Button
    (中略)
    app:layout_constraintTop_toBottomOf="@id/title_text" />
```

「Run」ボタンで実行し、ボタンがテキストの下に来ているか確認してみましょう。

▼図3-16 実行結果

3-3 ゲーム画面への遷移を実装する

→ Androidでの画面遷移を押さえる

　大きなアプリを作る時は、本の目次のように、ある程度のかたまりごとに画面やページを分けます。かたまりの分け方はさまざまありますが、よくあるケースでは、価値、機能、画面、アーキテクチャなどで分割します。このサンプルアプリでは、画面の単位で分割し、「タイトル画面」「ゲーム画面」「結果画面」を作ることにします。

　Androidでは、以下の3つが「画面」として使えます。

- Activity：画面全体のレイアウトを管理。複数のViewやFragmentをまとめたもの。
- Fragment：画面の一部分のレイアウトを管理。画面全体にすることも可能。複数の
　　　　　　Viewやほかのragmentを管理することもできる。
- View：実際にユーザーが触れるUIコンポーネント

　ページ遷移は、Activityから別のActivityに遷移する方法が、最も基本的な実装です。しかし最近では、Activity中でFragmentを切り替えることによってページ遷移を表現することも多くなりました。これは、JetpackによりActvityとFragment間、FragmentとFragment間のデータ共有がしやすくなったためでしょう。関連する一連のストーリーを1枚のActivityやBottom Navigation、TabLayoutなどのタブ切り替えでレイアウトを組むことも増えてきています。Acivityで遷移する場合は、ユーザへの価値が大きく変わるときが多くなったように思います。

　ECサイトを例にすると、以下のような分け方もあります。データ共有のしやすさ、実装しやすさ、遷移の心地よさなどがそれぞれあり、要件に合わせて設計します。

▼リスト3-16　すべてActivityで遷移するパターン

```
商品画面（Activity）
商品一覧画面（Activity）
商品詳細画面（Activity）
注文画面（Activity）
注文確認画面（Activity）
```

注文完了画面(Activity)
利用規約画面(Activity)

▼リスト3-17　画面単位でFragmentで遷移するパターン

商品画面(Activity)
　|- 商品一覧画面(Fragment)
　|- 商品詳細画面(Fragment)
注文画面(Activity)
　|- 注文確認画面(Fragment)
　|- 注文完了画面(Fragment)
利用規約画面(Activity)

▼リスト3-18　商品を買う体験までを1つのFragmentで遷移するパターン

注文画面(Activity)
　|- 商品一覧画面(Fragment)
　|- 商品詳細画面(Fragment)
　|- 注文確認画面(Fragment)
　|- 注文完了画面(Fragment)
利用規約画面(Activity)

　今回は、Activityの切り替えでページ遷移を実装せず、Jetpack Navication Componentを使ってFragmentを切り替えてページ遷移を実装します。

▼図3-17　画面遷移

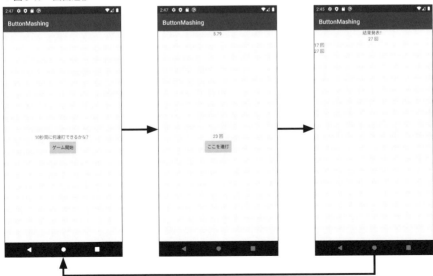

➡ 画面用のFragmentを作る

　今回は、Fragmentを3つ（タイトル画面、ゲーム画面、結果画面）、Activityを1つ（3つの画面を管理するもの）を作ります。

　まずは、空のFragmentを以下のように3つ作ります。

- TitleFragment：タイトル画面
- GameFragment：ゲーム画面
- ResultFragment：結果画面

　作る手順は以下のとおりです。レイアウトファイルもついでに作ると、手間が少なく開発がラクになります。

▼図3-18　手順1

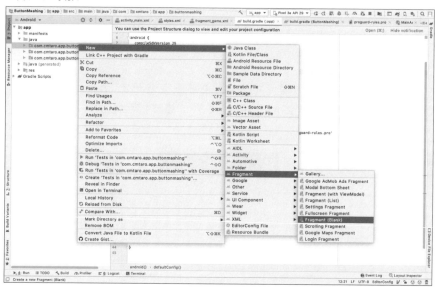

▼図3-19　手順2

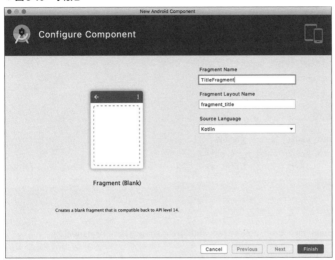

シンプルなFragmentで開発を進めていくので、Fragmentを自動生成した場合、不要な記述を削除して、onCreateViewの部分のみ残します。

▼リスト3-19　app/src/main/java/com/cmtaro/app/buttonmashing/TitleFragment.kt

```kotlin
package com.cmtaro.app.buttonmashing

import android.os.Bundle
import androidx.fragment.app.Fragment
import android.view.LayoutInflater
import android.view.View
import android.view.ViewGroup

class TitleFragment : Fragment() {

    override fun onCreateView(
        inflater: LayoutInflater, container: ViewGroup?,
        savedInstanceState: Bundle?
    ): View? {
        // Inflate the layout for this fragment
        return inflater.inflate(R.layout.fragment_title, container, false)
    }
}
```

▼リスト3-20　app/src/main/res/layout/fragment_title.xml

```xml
<?xml version="1.0" encoding="utf-8"?>
<FrameLayout xmlns:android="http://schemas.android.com/apk/res/android"
    xmlns:tools="http://schemas.android.com/tools"
    android:layout_width="match_parent"
    android:layout_height="match_parent"
    tools:context=".TitleFragment">

    <TextView
        android:layout_width="match_parent"
        android:layout_height="match_parent"
        android:text="@string/hello_blank_fragment" />

</FrameLayout>
```

▼リスト3-21　app/src/main/java/com/cmtaro/app/buttonmashing/GameFragment.kt

```kotlin
package com.cmtaro.app.buttonmashing


import android.os.Bundle
import androidx.fragment.app.Fragment
import android.view.LayoutInflater
import android.view.View
import android.view.ViewGroup

class GameFragment : Fragment() {
    override fun onCreateView(
        inflater: LayoutInflater, container: ViewGroup?,
        savedInstanceState: Bundle?
    ): View? {
        // Inflate the layout for this fragment
        return inflater.inflate(R.layout.fragment_game, container, false)
    }
}
```

▼リスト3-22　app/src/main/res/layout/fragment_game.xml

```xml
<?xml version="1.0" encoding="utf-8"?>
<FrameLayout xmlns:android="http://schemas.android.com/apk/res/android"
    xmlns:tools="http://schemas.android.com/tools"
    android:layout_width="match_parent"
    android:layout_height="match_parent"
    tools:context=".GameFragment">
```

```
    <TextView
        android:layout_width="match_parent"
        android:layout_height="match_parent"
        android:text="@string/hello_blank_fragment" />

</FrameLayout>
```

▼リスト3-23　app/src/main/java/com/cmtaro/app/buttonmashing/ResultFragment.kt

```
package com.cmtaro.app.buttonmashing


import android.os.Bundle
import androidx.fragment.app.Fragment
import android.view.LayoutInflater
import android.view.View
import android.view.ViewGroup

class ResultFragment : Fragment() {

    override fun onCreateView(
        inflater: LayoutInflater, container: ViewGroup?,
        savedInstanceState: Bundle?
    ): View? {
        // Inflate the layout for this fragment
        return inflater.inflate(R.layout.fragment_result, container, false)
    }
}
```

▼リスト3-24　app/src/main/res/layout/fragment_result.xml

```
<?xml version="1.0" encoding="utf-8"?>
<FrameLayout xmlns:android="http://schemas.android.com/apk/res/android"
    xmlns:tools="http://schemas.android.com/tools"
    android:layout_width="match_parent"
    android:layout_height="match_parent"
    tools:context=".ResultFragment">

    <TextView
        android:layout_width="match_parent"
        android:layout_height="match_parent"
        android:text="@string/hello_blank_fragment" />

</FrameLayout>
```

→ Navigation Graphで画面のページ遷移を設定する

3つの画面ファイルができたら、これらの画面の関係を設定します。このアプリでは、タイトル画面のボタンからゲーム画面に遷移して、10秒経過したら結果画面に行きます。もう1回遊べるように、ゲーム画面に戻れるような設定もおこないます。

画面遷移の設定には、NavigationコンポーネントのNavigation Graphを使います。

■ Navigationをアプリで使えるようにする

./build.gradle の app/build.gradle の2つのファイルに、以下を追加します。

▼リスト3-25　./build.gradle

```
buildscript {
    ext.kotlin_version = "1.3.72"
    repositories {
        google()
        jcenter()
    }
    dependencies {
        classpath "com.android.tools.build:gradle:4.0.0"
        classpath "org.jetbrains.kotlin:kotlin-gradle-plugin:$kotlin_version"

        // ここから
        def nav_version = "2.2.2"
        classpath "androidx.navigation:navigation-safe-args-gradle-plugin:$nav_version"
        // ここまで追加

    }
}
```

▼リスト3-26　app/build.gradle

```
apply plugin: 'com.android.application'
apply plugin: 'kotlin-android'
apply plugin: 'kotlin-android-extensions'
// 追加
apply plugin: "androidx.navigation.safeargs.kotlin"

（中略）

dependencies {
    implementation fileTree(dir: 'libs', include: ['*.jar'])
    （中略）
```

```
    // ここから
    def nav_version = "2.3.0"
    implementation "androidx.navigation:navigation-fragment-ktx:$nav_version"
    implementation "androidx.navigation:navigation-ui-ktx:$nav_version"
    // ここまで追加
}
```

■ Navigaion Graphのファイルを作る

　Navigationコンポーネントでは、ページ遷移をNavigaion Graphで設定します。
Navigaion Graph のファイルを作成しましょう。

▼図3-20　手順1

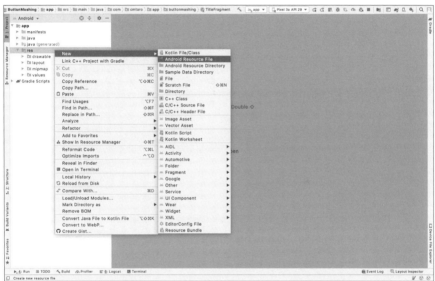

▼図3-21　手順2

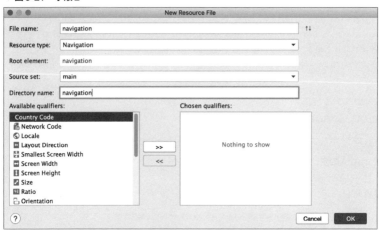

Textモードで表示すると、以下のようなファイルが作成されました。

▼リスト3-27　app/src/main/res/navigation/game_navigation.xml

```
<?xml version="1.0" encoding="utf-8"?>
<navigation xmlns:android="http://schemas.android.com/apk/res/android"
    xmlns:app="http://schemas.android.com/apk/res-auto" android:id="@+id/game_
navigation">
</navigation>
```

　もう一度Designモードに切り替えて、まずはページを追加していきましょう。＋ボタンを押して、TitleFragment、GameFragment、ResultFragment を追加します。

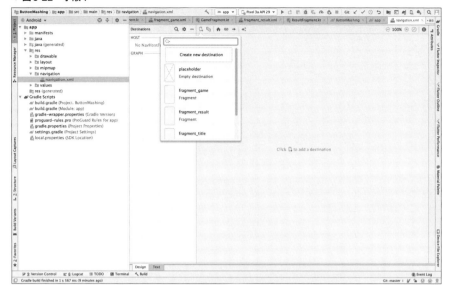

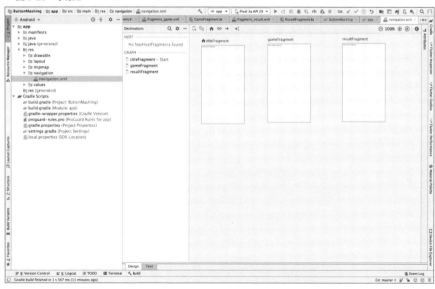

　次に、ページ遷移の関係を矢印で設定します。画面の端から遷移したい画面に遷移を引きます。

▼図3-24　手順

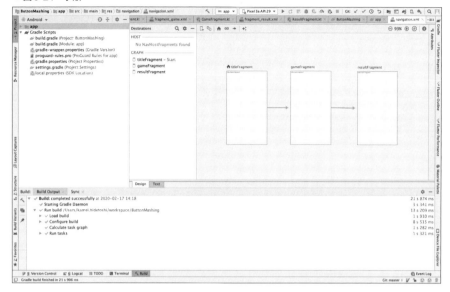

　同様に、ページの関係を書きます。ただし、最後の結果画面からタイトル画面の遷移は「戻る」で遷移するため、ここで矢印を引く必要はありません。

　最後に、最初に表示する画面が TitleFragment になっているか確認しましょう。異なる場合は設定します。

▼図3-25　手順

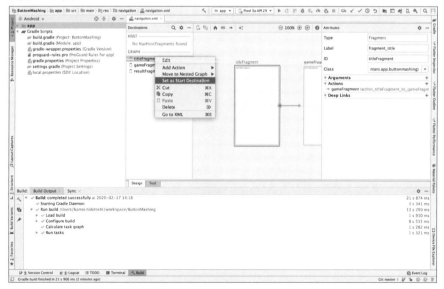

テキストモードで確認すると、以下のようになっています。fragmentで設定された actionを起こすと、画面遷移します。たとえば、titleFragmentでaction_titleFragment _to_gameFragmentが起きると、gameFragmentに遷移します。

▼リスト3-28

```xml
<?xml version="1.0" encoding="utf-8"?>
<navigation xmlns:android="http://schemas.android.com/apk/res/android"
  xmlns:app="http://schemas.android.com/apk/res-auto"
  xmlns:tools="http://schemas.android.com/tools"
  android:id="@+id/game_navigation"
  app:startDestination="@id/titleFragment">

  <fragment
    android:id="@+id/titleFragment"
    android:name="com.cmtaro.app.buttonmashing.TitleFragment"
    android:label="fragment_title"
    tools:layout="@layout/fragment_title">
    <action
      android:id="@+id/action_titleFragment_to_gameFragment"
      app:destination="@id/gameFragment" />
  </fragment>
  <fragment
    android:id="@+id/gameFragment"
    android:name="com.cmtaro.app.buttonmashing.GameFragment"
    android:label="fragment_game"
    tools:layout="@layout/fragment_game">
    <action
      android:id="@+id/action_gameFragment_to_resultFragment"
      app:destination="@id/resultFragment" />
  </fragment>
  <fragment
    android:id="@+id/resultFragment"
    android:name="com.cmtaro.app.buttonmashing.ResultFragment"
    android:label="fragment_result"
    tools:layout="@layout/fragment_result" />
</navigation>
```

最終結果画面から、タイトル画面に戻るときの設定をします。

▼リスト3-29

```xml
<?xml version="1.0" encoding="utf-8"?>
<navigation xmlns:android="http://schemas.android.com/apk/res/android"
```

```xml
    xmlns:app="http://schemas.android.com/apk/res-auto"
    xmlns:tools="http://schemas.android.com/tools"
    android:id="@+id/game_navigation"
    app:startDestination="@id/titleFragment">

    // （中略）

    <fragment
        android:id="@+id/gameFragment"
        android:name="com.cmtaro.app.buttonmashing.GameFragment"
        android:label="fragment_game"
        tools:layout="@layout/fragment_game">
        <action
            android:id="@+id/action_gameFragment_to_resultFragment"
            app:destination="@id/resultFragment"
            //追加
            app:popUpTo="@+id/titleFragment"
            //追加
            app:popUpToInclusive="false" />
    </fragment>

    // （中略）

</navigation>
```

　popUpToの設定は、バックボタンを押したときの戻りを設定します。結果画面でバックボタンが押されたらタイトル画面に戻るようにします。

　popUpToInclusiveは、「バックボタンで戻った1つ前の画面に戻るか」というものです。今回はpopUpToに指定した画面にとどまりたいので、falseを設定します。

➜ 管理するActivityでFragmentを表示する

　Fragmentを管理するActivityは、今まで使っていたMainActivityを使うことにします。activity_main.xmlを以下のように設定してください。

▼リスト3-30　app/src/main/res/layout/activity_main.xml

```xml
<?xml version="1.0" encoding="utf-8"?>
<androidx.constraintlayout.widget.ConstraintLayout xmlns:android="http://schemas.
android.com/apk/res/android"
    xmlns:app="http://schemas.android.com/apk/res-auto"
    xmlns:tools="http://schemas.android.com/tools"
```

```
    android:layout_width="match_parent"
    android:layout_height="match_parent"
    tools:context=".MainActivity">


    <androidx.fragment.app.FragmentContainerView
        android:id="@+id/nav_host_fragment"
        android:name="androidx.navigation.fragment.NavHostFragment"
        android:layout_width="0dp"
        android:layout_height="0dp"
        app:defaultNavHost="true"
        app:layout_constraintBottom_toBottomOf="parent"
        app:layout_constraintLeft_toLeftOf="parent"
        app:layout_constraintRight_toRightOf="parent"
        app:layout_constraintTop_toTopOf="parent"
        app:navGraph="@navigation/game_navigation" />

</androidx.constraintlayout.widget.ConstraintLayout>
```

activity_main.xmlで設定していることは以下のとおりです。

- Fragmentの表示領域をFragmentContainerViewで設定する
- Fragmentの表示領域は、親のレイアウトいっぱいに表示する
- Fragmentの切り替え管理をandroidx.navigation.fragment.NavHostFragmentにする
- Navigation Graphに先ほど作成した@navigation/game_navigationを設定する
- BackボタンとUpボタンを連携するためdefaultNavHostをtrueにする

　また、activity_main.xmlに記述していたレイアウトを、そのままTitleFragmetのレイアウトに移行します。strings.xmlにstart_buttonでゲーム開始を追加します。

▼ リスト3-31　app/src/main/res/layout/fragment_title.xml

```
<?xml version="1.0" encoding="utf-8"?>
<androidx.constraintlayout.widget.ConstraintLayout xmlns:android="http://schemas.
android.com/apk/res/android"
    xmlns:app="http://schemas.android.com/apk/res-auto"
    xmlns:tools="http://schemas.android.com/tools"
    android:layout_width="match_parent"
    android:layout_height="match_parent"
    tools:context=".MainActivity">
```

```
    <TextView
        android:id="@+id/title_text"
        android:layout_width="wrap_content"
        android:layout_height="wrap_content"
        android:text="@string/title"
        app:layout_constraintBottom_toBottomOf="parent"
        app:layout_constraintLeft_toLeftOf="parent"
        app:layout_constraintRight_toRightOf="parent"
        app:layout_constraintTop_toTopOf="parent" />

    <Button
        android:id="@+id/start_button"
        android:layout_width="wrap_content"
        android:layout_height="wrap_content"
        android:text="@string/start_button"
        app:layout_constraintLeft_toLeftOf="parent"
        app:layout_constraintRight_toRightOf="parent"
        app:layout_constraintTop_toBottomOf="@id/title_text" />

</androidx.constraintlayout.widget.ConstraintLayout>
```

　ここまで設定すると、Navigationの最小設定が完了します。1度「Run」ボタンを押して動作確認をしてみましょう。

▼ 図3-26　動作確認

タイトル画面のボタンにクリックリスナーを設定する

　タイトル画面のボタンを押したらゲーム画面に遷移するようにします。3-2節では以下のように、Buttonに start_button というidをつけました。

▼ リスト3-32　app/src/main/res/layout/fragment_title.xml

```xml
<Button
    android:id="@+id/start_button"
    android:layout_width="wrap_content"
    android:layout_height="wrap_content"
    android:text="@string/start_button"
    app:layout_constraintLeft_toLeftOf="parent"
    app:layout_constraintRight_toRightOf="parent"
    app:layout_constraintTop_toBottomOf="@id/title_text" />
```

　Buttonがクリックされた際にクリックイベントをFragmentで受信できるようにして、

うまく遷移できるかを試してみましょう。Log を設定して確かめます。

▼ リスト 3-33　app/src/main/java/com/cmtaro/app/buttonmashing/TitleFragment.kt

```kotlin
// 追加
import android.widget.Button

// 追加
import android.util.Log

class TitleFragment : Fragment() {

    override fun onCreateView(
        inflater: LayoutInflater, container: ViewGroup?,
        savedInstanceState: Bundle?
    ): View? {
        return inflater.inflate(R.layout.fragment_title, null)
    }

    // ここから
    override fun onViewCreated(view: View, savedInstanceState: Bundle?) {
        super.onViewCreated(view, savedInstanceState)
        view.findViewById<Button>(R.id.start_button).setOnClickListener {
            Log.d("click", "Clickされた")
        }
    }
    // ここまで追加
}
```

「Run」ボタンを押して動作確認をします。タップするたびに、Logcat タブに以下のような表示があらわれます。

▼ リスト 3-34

```
2020-01-13 14:46:14.704 22248-22248/com.cmtaro.app.buttonmashing D/click: Clickされた
2020-01-13 14:46:15.261 22248-22248/com.cmtaro.app.buttonmashing D/click: Clickされた
2020-01-13 14:46:15.790 22248-22248/com.cmtaro.app.buttonmashing D/click: Clickされた
2020-01-13 14:46:15.914 22248-22248/com.cmtaro.app.buttonmashing D/click: Clickされた
2020-01-13 14:46:16.088 22248-22248/com.cmtaro.app.buttonmashing D/click: Clickされた
```

ここでは、Android アプリを開発する際でとても重要な 2 つの要素があります。

➡ Activity/Fragmentのライフサイクルを押さえる

　画面遷移の実装に重要な要素として、ライフサイクルを理解する必要があります。

　Application、Activity、Fragment、View など、Android SDK 提供しているコンポーネントは、Android内部で処理され、最終的に画面に表示されます。そのため開発者は、Androidの内部処理に合わせてアプリを実装する必要があります。

　内部処理の途中では、アプリ独自処理を差し込めるようになっています。しかし、差し込みができるタイミングは決まっています。画面に表示され、画面から消えるまでのライフサイクルがあり、そのライフサイクルのイベント時に、アプリ独自の処理を差し込みます。

　ライフサイクルのイベントごとに、どういう種類の差し込みの処理ができるかは決まっています。これから処理する内容とライフサイクルが合っているかよく確かめて実装しよう。

　FragmentとActivityのライフサイクルは似ていますが、Activity内でFragmentが動くぶん、ライフサイクルが増えています。ただし、onCreate、onStart、onResume、onPause、onStop、onDestoryの基本的なライフサイクルが共通としてあり、呼び出されるタイミングが多少違っても、使う用途は同じです。今回はFragmentの処理なので、Fragmentのライフサイクルを確認します。

　以下の図は、Activity/Fragmentのライフサイクルの図です。開発中は何百回もこの図を見ることになります。まずは大枠をつかむために、ここでは代表的なものだけを扱います。

▼ 図3-27　Activityのライフサイクル図

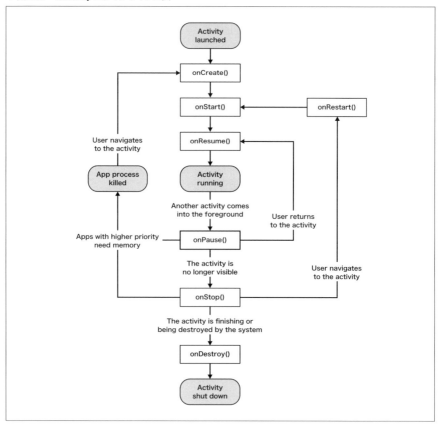

▼ 表3-9　Activityのおもなライフサイクル

メソッド名	内容
onCreate()	システムが初めてアクティビティを作成するときに発生するコールバックです。
onStart()	アクティビティが開始状態になると、システムがこのコールバックを呼び出します。アプリでアクティビティがフォアグラウンドに移動し、インタラクティブにできる状態になると、onStart()呼び出しによりアクティビティがユーザーに対して表示されます。
onResume()	アクティビティが再開状態になると、アクティビティはフォアグラウンドに移動し、システムが onResume()コールバックを呼び出します。
onPause()	ユーザーがアクティビティを離れることを最初に示す場合に、システムはこのメソッドを呼び出します。
onStop()	ユーザーに対して表示されなくなったアクティビティは停止状態になり、システムはonStop()コールバックを呼び出します。
onDestroy()	アクティビティが破棄される前に呼び出されます。

▼図3-28 Fragmentのライフサイクル図

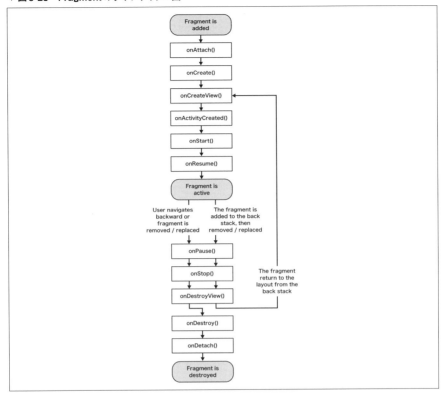

▼表3-10 Fragmentのおもなライフサイクル

メソッド名	内容
onAttach()	フラグメントがアクティビティと関連付けられたときに呼び出されます(ここでActivity が渡されます)。
onCreate()	フラグメントの作成時にシステムが呼び出します。
onCreateView()	フラグメントが初めてUIを描画するタイミングでシステムがこれを呼び出します。
onActivityCreated()	アクティビティのonCreate()メソッドから戻ったときに呼び出されます。
onStart()	ユーザーに見えるようになったときに呼び出されます。
onResume()	ユーザーに見えるようになったときに呼び出され、そして Activity が起動しているときに呼び出されます。
onPause()	システムは、ユーザーがフラグメントから離れたことを初めて示すものとして、このメソッドを呼び出します。
onStop()	ユーザーに表示されなくなったときに呼び出されます。
onDestroyView()	フラグメントに関連付けられたビュー階層が削除されたときに呼び出されます。
onDestroy()	フラグメントが破棄される前に呼び出されます。
onDetach()	フラグメントとアクティビティとの関連付けが解除されたときに呼び出されます。

今回実装するのは、Fragmentの画面レイアウトと画面のレイアウトにあるボタンのタップされたときの処理です。画面のレイアウトの作成はonCreateViewでおこない、画面のレイアウトにあるボタンのタップされたときの処理は、画面のUIの設定は画面が作られた後のonViewCreated()で実装するのが良さそうです。

➡ イベント処理

画面遷移を実装するには、Viewからのイベント処理を正しく実装しなければいけません。Buttonがクリックされたときの処理は、ViewからfindViewByIdを呼び、xmlに記述したidで検索します。

▼リスト3-35

```
findViewById<型>(id名)
```

対象のButtonを見つけたら、次にクリック時のイベントのときにログが出力されるにします。ライフサイクルと同様、クリックされたときの処理を差し込めるように、setOnClickListenerが用意されています。

▼リスト3-36

```
view.findViewById<Button>(R.id.start_button).setOnClickListener {
    Log.d("click", "Clickされた")
}
```

このように、Android内部処理に合わせてアプリを実装していきます。今回はクリックイベントでしたが、その他にもたくさんのイベントを扱うことができます。たとえば、スクロールイベントやピンチイン・ピンチアウトやフリックなどもあります。暗記する部分も多いですが、最初から全部覚える必要はありません。扱えるイベントが多くなるほど、やりたいことが実現できる可能性が高くなります。

➡ ゲーム画面に遷移させる

それでは、Logを出力するのではなく、実際に次の画面に遷移させましょう。

▼リスト3-37　app/src/main/java/com/cmtaro/app/buttonmashing/TitleFragment.kt

```
//追加
import androidx.navigation.Navigation.findNavController
//追加
```

```
import androidx.navigation.fragment.findNavController

class TitleFragment : Fragment() {

    override fun onViewCreated(view: View, savedInstanceState: Bundle?) {
        super.onViewCreated(view, savedInstanceState)
        view.findViewById<Button>(R.id.start_button).setOnClickListener {
            // 追加
            findNavController().navigate(R.id.action_titleFragment_to_gameFragment)
        }
    }

}
```

findNavControllerは、今使用しているNavigation Controllerを探してくれます。game_navigation.xmlで、TitleFragmentからGameFragmentへの線を引いたときに、Actionが設定されました。navigateメソッドを使って action_titleFragment_to_gameFragment のActionを送ります。

▼リスト3-38　app/src/main/res/navigation/game_navigation.xml

```xml
<?xml version="1.0" encoding="utf-8"?>
<navigation xmlns:android="http://schemas.android.com/apk/res/android"
    xmlns:app="http://schemas.android.com/apk/res-auto"
    xmlns:tools="http://schemas.android.com/tools"
    android:id="@+id/game_navigation"
    app:startDestination="@id/titleFragment">

    <fragment
        android:id="@+id/titleFragment"
        android:name="com.cmtaro.app.buttonmashing.TitleFragment"
        android:label="fragment_title"
        tools:layout="@layout/fragment_title">

        <!-- このactionを使用した -->
        <action
            android:id="@+id/action_titleFragment_to_gameFragment"
            app:destination="@id/gameFragment" />
    </fragment>
    <fragment
        android:id="@+id/gameFragment"
        android:name="com.cmtaro.app.buttonmashing.GameFragment"
        android:label="fragment_game"
```

```
            tools:layout="@layout/fragment_game">
        <action
            android:id="@+id/action_gameFragment_to_resultFragment"
            app:destination="@id/resultFragment"
            app:popUpTo="@+id/titleFragment"
            app:popUpToInclusive="false" />
    </fragment>
    <fragment
        android:id="@+id/resultFragment"
        android:name="com.cmtaro.app.buttonmashing.ResultFragment"
        android:label="fragment_result"
        tools:layout="@layout/fragment_result" />
</navigation>
```

これで画面遷移は実装は完了です。「Run」ボタンで動作を確認してみましょう。

▼図3-29　動作確認

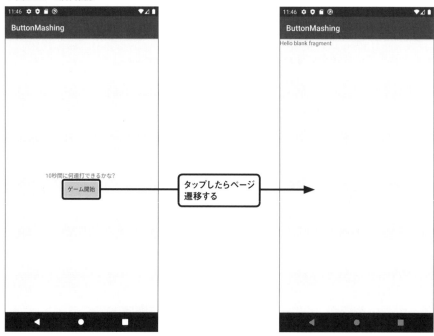

3-4　ゲーム画面を作る

　いよいよサンプルアプリのメインとなるゲーム画面を実装していきましょう。今回は以下について実装していきます。

- ボタン連打
- ボタン連打のカウント
- ボタン連打のカウントの表示
- 10秒のカウントタイマー
- 10秒後に結果確認画面

➡ ボタン連打をDataBindingで実装する

　ボタン連打のカウントとその連打回数の表示を実装していきます。3-3節ではボタンイベントの実装をしましたが、今回はDataBindingを使って実装します。

　DataBindingは、大まか言うと「データの世界とUIの世界をつなぐ道具」です。たとえば、ボタンの連打回数が変わったら、カウント表示も自動で変わってほしいという場合、少し抽象化して表現すると、「UIで表示したいデータが変わったら、UIが更新されて最新のカウントに変わる」という機能を実装することになります。

　一般的に、UIで表示したいデータはViewModelと呼ばれ、UIはViewと呼ばれます。DataBindingは、ViewModelとViewをひもづけて、どちらかが変わると自動的にもう一方を更新してくれます。もう少し具体的に言うと、ViewModelが変化したらViewも変化させ、またViewが変化したらViewModelも変化させてくれます。これを双方向データバインディグといいます。

　DataBindingのおかげで、ボイラテンプレート（冗長なコード）が減り、コードが短く完結になります。使い方に少し癖があるので、たくさん試して慣れていきましょう。

■ DataBindingを設定する

　以下のようにファイルを書き換えます。

▼リスト3-39　app/build.gradle

```
apply plugin: 'com.android.application'
apply plugin: 'kotlin-android'
apply plugin: 'kotlin-android-extensions'
apply plugin: "androidx.navigation.safeargs.kotlin"
//追加
apply plugin: 'kotlin-kapt'

android {
    // （中略）

    // ここから
    buildFeatures {
        dataBinding true
    }

    compileOptions {
        sourceCompatibility JavaVersion.VERSION_1_8
        targetCompatibility JavaVersion.VERSION_1_8
    }

    kotlinOptions {
        jvmTarget = "1.8"
    }
    // ここまで追加
}
```

> **Column**　**kotlin-kaptとは**
>
> Annotation processorsと呼ばれるJavaのコードを自動生成するツールがあります。kotlin-kaptは、大まかに言うとKotlin対応版のようなものです。
>
> もともと「apt」という形で記述だったので、その先頭にKotlinの先頭文字「k」をつけた「kapt」でした。先頭に「k」がついてるものは、Kotlin版またはKotlin対応版の意味合いでつけている場合があります。

➡ ボタンカウント用のViewModelを作る

ボタンカウント用のViewModelを作ります。どの単位でViewModelを作るかの問題はありますが、今回は画面単位でViewModelを作ることにします。GameView

Modelを作成しましょう。

▼リスト3-40　app/src/main/java/com/cmtaro/app/buttonmashing/GameViewModel.kt

```kotlin
package com.cmtaro.app.buttonmashing

import androidx.lifecycle.MutableLiveData

class GameViewModel {
    val count = MutableLiveData<Int>(0)
    val countText = MutableLiveData<String>("0回")

    fun onClick() {
        count.value = (count.value ?: 0) + 1
        countText.value = "${count.value}回"
    }

}
```

連打回数を覚える**count**をMutableLiveData、LiveDataの型で作ります。Mutable LiveDataのほかにもObservableFieldがありますが、今後LiveDataを扱う場合が多いので、LiveDataのほうを扱います。LiveDataまたはObservableFieldにすることで、双方向データバインディングをかんたんに実現します。

LiveDataとObservableFieldの違いは、変化を監視し更新し続ける（Observable Field）か、必要なときだけ変化を監視し通知をする（LiveData）かの違いです。

LiveDataの場合はLifecycleOwnerが別途必要になります。LifecycleOwnerは、LiveDataに変化があったときに通知するか決めます。たとえば、ホームボタンを押してアプリがバックグラウンドにいったときやバックボタンを押してアプリを終了した場合、ユーザーにはデータやUI変化が見えない状態なので、わざわざデータやUIを更新する必要がありません。ActivityやFragmentをLifecycleOwnerにしておくと、アプリが起動中のときにはアクティブになって変化を通知し、アプリが終了したときにはInactiveになって通知しないようにしてくれます。

次に、カウントを数えるonClickメソッドを作ります。

まず、現在のカウントに+1します。初期値を設定していますが、念のためnullだったときは0を返すようにしています。あとに登場するTextViewでは、Stringでなければならないため、ここではcountTextで表示用のデータを作っています。

⮕ ボタンにViewModelを設定して双方向バインディングを実現する

まずは、元となるレイアウトを作ります。シンプルに連打するボタンと連打回数のテキストを配置しています。

▼リスト3-41　app/src/main/res/layout/fragment_game.xml

```xml
<?xml version="1.0" encoding="utf-8"?>
<androidx.constraintlayout.widget.ConstraintLayout xmlns:android="http://schemas.
android.com/apk/res/android"
    xmlns:app="http://schemas.android.com/apk/res-auto"
    xmlns:tools="http://schemas.android.com/tools"
    android:layout_width="match_parent"
    android:layout_height="match_parent"
    tools:context=".GameFragment">

    <TextView
        android:id="@+id/count_text"
        android:layout_width="wrap_content"
        android:layout_height="wrap_content"
        app:layout_constraintBottom_toBottomOf="parent"
        app:layout_constraintLeft_toLeftOf="parent"
        app:layout_constraintRight_toRightOf="parent"
        app:layout_constraintTop_toTopOf="parent"/>

    <Button
        android:id="@+id/mashing_button"
        android:layout_width="wrap_content"
        android:layout_height="wrap_content"
        android:text="@string/massing_button"
        app:layout_constraintLeft_toLeftOf="parent"
        app:layout_constraintRight_toRightOf="parent"
        app:layout_constraintTop_toBottomOf="@id/count_text" />

</androidx.constraintlayout.widget.ConstraintLayout>
```

▼リスト3-42　app/src/main/res/values/strings.xml

```xml
<string name="massing_button">ここを連打</string>
```

次に、DataBinding の設定を追加します。

▼リスト3-43

```xml
<?xml version="1.0" encoding="utf-8"?>
```

```
<!--layoutで全体を囲む-->
<layout>
    <!--ここまで-->
    <data>

        <variable
            name="viewModel"
            type="com.cmtaro.app.buttonmashing.GameViewModel" />
    </data>
    <!--ここまで-->

    <androidx.constraintlayout.widget.ConstraintLayout xmlns:android="http://
schemas.android.com/apk/res/android"
        xmlns:app="http://schemas.android.com/apk/res-auto"
        xmlns:tools="http://schemas.android.com/tools"
        android:layout_width="match_parent"
        android:layout_height="match_parent"
        tools:context=".GameFragment">

        <TextView
            android:id="@+id/count_text"
            android:layout_width="wrap_content"
            android:layout_height="wrap_content"
            app:layout_constraintBottom_toBottomOf="parent"
            app:layout_constraintLeft_toLeftOf="parent"
            app:layout_constraintRight_toRightOf="parent"
            app:layout_constraintTop_toTopOf="parent"
            app:text="@{viewModel.countText}" //追加
            />

        <Button
            android:id="@+id/mashing_button"
            android:layout_width="wrap_content"
            android:layout_height="wrap_content"
            android:onClick="@{()->viewModel.onClick()}" //追加
            android:text="@string/massing_button"
            app:layout_constraintLeft_toLeftOf="parent"
            app:layout_constraintRight_toRightOf="parent"
            app:layout_constraintTop_toBottomOf="@id/count_text" />

    </androidx.constraintlayout.widget.ConstraintLayout>

</layout>
```

まずは、全体を <layout> でくくります。次に、<data> を追加してこのレイアウトで使用するものを追加します。<data> の中に、このレイアウトで使用するインスタンス GameViewModel を <variable> で設定します。name が変数名、type がパッケージ名です。

<Button> クリック時のイベントを設定します。onClick に @{} で GameViewModel の onClick を設定します。Kotlin のラムダ式のような記法です。

▼リスト3-44

```
android:onClick="@{()->viewModel.onClick()}"
```

<TextView> は GameViewModel の count を表示するようにします。こちらも同様に @{} で設定します。

▼リスト3-45

```
app:countText="@{viewModel.count}"
```

これでレイアウトとファイルの設定は終わりです。いったん、ビルドができるか「Run」ボタンで動かしてみましょう。まだ、クリックしてもカウントはされません。

▼図3-30　実行結果

最後に、Fragmentの設定をおこないます。

▼リスト3-46　app/src/main/java/com/cmtaro/app/buttonmashing/GameFragment.kt

```
package com.cmtaro.app.buttonmashing

//追加
import androidx.databinding.DataBindingUtil
//追加
import com.cmtaro.app.buttonmashing.databinding.FragmentGameBinding

class GameFragment : Fragment() {

    // 追加
    private val gameViewModel = GameViewModel()

    override fun onCreateView(
        inflater: LayoutInflater, container: ViewGroup?,
        savedInstanceState: Bundle?
    ): View? {
        return inflater.inflate(R.layout.fragment_game, null)
    }

    // ここから
    override fun onViewCreated(view: View, savedInstanceState: Bundle?) {
        super.onViewCreated(view, savedInstanceState)
        val binding: FragmentGameBinding =
            DataBindingUtil.bind(view)
                ?: throw RuntimeException("FragmentGameBindingでバインディングがで
きない")
        binding.viewModel = gameViewModel
        binding.lifecycleOwner = viewLifecycleOwner
    }
    // ここまで追加

}
```

onCreateViewで作成されるViewをDataBindingUtilでbindします。FragmentGame
Bindingは、レイアウトファイルにおいてlayoutでくくると、データバインディングする
ファイルとして認識されて、「ファイル名＋Binding」のクラスが自動生成されます。
FragmentGameBindingは、fragment_game.xmlのデータバインディングクラスなので、ま
ちがってfragment_title.xmlなどほかのファイルでbindしてしまうとnullになります。
nullのときには、例外を出してエラーをわかりやすくします。

```
val binding: FragmentGameBinding = DataBindingUtil.bind(view) ?: throw RuntimeExce
ption("FragmentGameBindingでバインディングができない")
```

　レイアウトで必要だったGameViewModelのインスタンスをFragmentGameBindingに設定します。

▼リスト3-48

```
binding.viewModel = gameViewModel
```

　LiveDataには、LifecycleOwnerが別途必要でしたね。ここでLifecycleOwnerを設定しますが、Fragmentの場合には以下のように設定しません。

▼リスト3-49

```
binding.lifecycleOwner = this
```

　Fragmentは、メモリが少なくなったなどの場合、システムで破棄されて、再生成される可能性があります。その際に、メモリリークや2重に登録される可能性があるため、代わりにviewLifecycleOwnerを使用します。

▼リスト3-50

```
binding.lifecycleOwner = viewLifecycleOwner
```

　再度「Run」ボタンを押して動作確認すると、ボタンを連打した回数分表示されています。

Column **FragmentGameBinding とは**

FragmentGameBindingは、apply plugin: 'kotlin-kapt'によって自動生成されたクラスです。<layout>で、レイアウトファイルが自動生成の対象となります。レイアウトファイルの中身を見てid名が変数名となり、findByIdを適切におこなっています。クラス名は<layout>で、レイアウトファイル名をパスカルケースに直して、Bindingという名前がサフィックスで付きます。

➡ 連打回数「数字＋単位 (回)」をBindingAdapterで表示する

ViewModelのデータとViewで表示する際に、ユーザにわかりやすく表示するために、少し加工して表示したいケースが多くあります。たとえば、値段の場合は「1000円」と単位をつけたり、「1,000」とコンマを入れたりします。

今回のアプリでは、連打回数に「回」という単位を付けて表示してみましょう。今回

はソースコード上で「回」を結合して表示していますが、「回」を表示する箇所で毎回結合するのも面倒です。また、「回」ではなく「回数」などに変更しようとした場合、すべてを直さなければいけないため修正漏れが発生しそうです。

そこで、DataBindingにはとても便利なBindingAdapterという機能があり、Viewに少し加工をして表示することができます。

TextViewExtension.ktを作り、TextViewのBindingAdapterをまとめて管理しやすくします。

▼リスト3-51　app/src/main/java/com/cmtaro/app/buttonmashing/TextViewExtension.kt

```kotlin
package com.cmtaro.app.buttonmashing

import android.widget.TextView
import androidx.databinding.BindingAdapter

@BindingAdapter("countText")
fun TextView.countText(count: Int) {
    text = "$count 回"
}
```

TextViewに拡張関数countTextを実装します。メソッド名は、使われていない名前であれば問題ありません。第1引数にcountのデータを受け取り、TextViewのtextに「回」を結合して表示するようにします。

次に、@BindingAdapterをつけて、引数にxmlで呼び出せる名前を設定します。ゲーム画面のレイアウトでcountTextを呼べるようにします。

▼リスト3-52　app/src/main/res/layout/fragment_game.xml

```xml
<TextView
    android:id="@+id/count_text"
    android:layout_width="wrap_content"
    android:layout_height="wrap_content"
    app:layout_constraintBottom_toBottomOf="parent"
    app:layout_constraintLeft_toLeftOf="parent"
    app:layout_constraintRight_toRightOf="parent"
    app:layout_constraintTop_toTopOf="parent"
    app:text="@{viewModel.countText}" //削除
    app:countText="@{viewModel.count}" //追加
/>
```

app:countText="@{viewModel.count}"で、先ほど作った BindAdapter を呼び出しま
す。appは、レイアウトファイルの冒頭でxmlns:app="http://schemas.android.com/apk/
res-auto"が設定されており、独自のBindAdatpterを呼び出せるようになっています。

また、countTextが不要になったので削除しました。

▼リスト3-53　app/src/main/java/com/cmtaro/app/buttonmashing/GameViewModel.kt

```
class GameViewModel {
    val count = MutableLiveData<Int>(0)

    fun onClick() {
        count.value = (count.value ?: 0) + 1
    }
}
```

「Run」ボタンで実行し、動作確認をしてみましょう。連打回数の表示で「回」が付
加されて表示されます。

▼図3-32　実行結果

➡ ViewModelでタイマーを作る

タイマーは、標準Javaパッケージにもありますが、今回はFlowを使って簡易的なタイマーを作ることにします。FlowはCoroutine（コルーチン）なので、普通に呼び出すことができません。そこで、Androidではコルーチンを呼びやすくするさまざまな機能が用意されています。

今回は、今まで作っていたViewModelでコルーチンができるようにします。さっそくViewModelを使えるように設定します。

■ ViewModelの設定

▼リスト3-54

```
dependencies {
  // （中略）

  // ここから
  def lifecycle_version = "2.2.0"

  implementation "androidx.lifecycle:lifecycle-viewmodel-ktx:$lifecycle_version"
  implementation "androidx.lifecycle:lifecycle-livedata-ktx:$lifecycle_version"
  implementation "androidx.lifecycle:lifecycle-common-java8:$lifecycle_version
  // ここまで追加
}
```

そのほかにOptionの機能がたくさんありますが、今回アプリで必要なもののみ追加します。

■ Kotlin Flowで簡易タイマーを作る

簡易的なtimerメソッドを作ります。Flowは、KotlinのKotlin Coroutinesで構成されている機能の1つです。Coroutinesで連続的なデータを処理するときに適しています。

以下のようにファイルを変更します。

▼リスト3-55　app/src/main/java/com/cmtaro/app/buttonmashing/GameViewModel.kt

```
package com.cmtaro.app.buttonmashing

import androidx.lifecycle.MutableLiveData

// ここから
import androidx.lifecycle.ViewModel
```

```kotlin
import androidx.lifecycle.viewModelScope
import kotlinx.coroutines.delay
import kotlinx.coroutines.flow.Flow
import kotlinx.coroutines.flow.collect
import kotlinx.coroutines.flow.flow
import kotlinx.coroutines.launch
// ここまで追加

// ViewModelを継承
class GameViewModel : ViewModel() {
    val count = MutableLiveData<Int>(0)
    // 追加
    val time = MutableLiveData<String>("00.00")

    fun onClick() {
        count.value = (count.value ?: 0) + 1
    }


    // ここから
    private fun timer(periodMs: Long, endTimeMs: Long): Flow<Long> = flow<Long> {
        var currentTime: Long = 0
        while (currentTime <= endTimeMs) {
            emit(currentTime)
            delay(periodMs)
            currentTime += periodMs
        }
    }

    fun start() {
        viewModelScope.launch {
            timer(16, 10_000).collect {
                val second = it / 1000
                val millSecond = it % 1000 / 10
                time.value = "$second.$millSecond"
            }
        }
    }
    // ここまで追加

}
```

　経過時間のデータを定期的に emit() で流します。delay で指定時間まで待ち、start
メソッドの collect で flow を起動し、emit で流れてきたデータを購読して処理します。

本質的なタイマー部分の処理は以上です。しかし、Coroutineを起動するには
CoroutineScopeが必要となります。
CoroutineScopeについては第2章を参照してください。

　Androidで Coroutineを扱いやすくするための機能がJetpackに追加されました。
ViewModelを継承することで、viewModelScopeというViewModelで Coroutineを
簡単に起動できるようになりました。

▼リスト3-56

```
class GameViewModel : ViewModel() {
    fun start() {
        viewModelScope.launch {
            ...
        }
    }
}
```

　viewModelScope.launchはUIスレッドで実装され、Flowはバックグランドで実行
されます。重たい処理(REST APIの実行など)をバックグランドで実行して、結果を
UIスレッドでViewに反映させることができます。

→ タイマーを起動して表示する

　タイマー表示のTextViewをレイアウトファイルに追記します。TextViewにGame
ViewModelの時間を設定します。

▼リスト3-57　app/src/main/res/layout/fragment_game.xml

```
<?xml version="1.0" encoding="utf-8"?>
<layout>

    <data>

        <variable
            name="viewModel"
            type="com.cmtaro.app.buttonmashing.GameViewModel" />
    </data>

    <androidx.constraintlayout.widget.ConstraintLayout xmlns:android="http://
schemas.android.com/apk/res/android"
        xmlns:app="http://schemas.android.com/apk/res-auto"
        xmlns:tools="http://schemas.android.com/tools"
```

```
        android:layout_width="match_parent"
        android:layout_height="match_parent"
        tools:context=".GameFragment">

        <TextView
            android:layout_width="wrap_content"
            android:layout_height="wrap_content"
            android:text="@{viewModel.time}"
            app:layout_constraintLeft_toLeftOf="parent"
            app:layout_constraintRight_toRightOf="parent"
            app:layout_constraintTop_toTopOf="parent" />

        <TextView
            android:id="@+id/count_text"
            android:layout_width="wrap_content"
            android:layout_height="wrap_content"
            app:layout_constraintBottom_toBottomOf="parent"
            app:layout_constraintLeft_toLeftOf="parent"
            app:layout_constraintRight_toRightOf="parent"
            app:layout_constraintTop_toTopOf="parent"
            app:countText="@{viewModel.count}" />

        <Button
            android:id="@+id/mashing_button"
            android:layout_width="wrap_content"
            android:layout_height="wrap_content"
            android:onClick="@{()->viewModel.onClick()}"
            android:text="@string/massing_button"
            app:layout_constraintLeft_toLeftOf="parent"
            app:layout_constraintRight_toRightOf="parent"
            app:layout_constraintTop_toBottomOf="@id/count_text" />


    </androidx.constraintlayout.widget.ConstraintLayout>

</layout>
```

GameFragmentでタイマーをスタートします。今回は、FragmentのライフサイクルのonStartで起動することにします。

▼リスト3-58　app/src/main/java/com/cmtaro/app/buttonmashing/GameFragment.kt

```
class GameFragment : Fragment() {
    // (中略)
```

```
    // ここから
    override fun onStart() {
        super.onStart()
        gameViewModel.start()
    }
    // ここまで追加

}
```

「Run」ボタンを押して、タイマーが表示されるか確認してみましょう。

▼図3-33　動作確認

➡ 10秒後に結果画面に遷移させる

　タイマーで10秒たったときに結果画面に遷移する処理ができるように、startメソッドにコールバックのラムダを設定できるようにします。FlowのonCompletionは、最後のデータが流れてもう何もないときに呼ばれるメソッドです。10秒後に結果画面に遷移できる処理を呼べるように、onEndを追加します。

onEndでは、最後の連打回数を渡しています。後ほど結果発表の画面で連打回数を表示したり、レコードを記録するために使用します。

▼リスト3-59　app/src/main/java/com/cmtaro/app/buttonmashing/GameViewModel.kt

```
// 追加
import kotlinx.coroutines.flow.onCompletion

class GameViewModel : ViewModel() {
    // （中略）

    fun start(onEnd: (Int) -> Unit) {
        viewModelScope.launch {
            timer(16, 10_000).onCompletion {
                onEnd(count.value ?: 0)
            }.collect {
                val second = it / 1000
                val millSecond = it % 1000 / 10
                time.value = "$second.$millSecond"
            }
        }
    }

}
```

GameFragmentで、onEndで結果画面に遷移する処理を実装します。以前と同様に、Navigationにイベントを起こすことで遷移できます。

▼リスト3-60　app/src/main/java/com/cmtaro/app/buttonmashing/GameFragment.kt

```
// 追加
import androidx.navigation.fragment.findNavController

class GameFragment : Fragment() {
    // （中略）

    override fun onStart() {
        super.onStart()
        gameViewModel.start {
            findNavController().navigate(R.id.action_gameFragment_to_resultFragment)
        }
    }

}
```

「Run」ボタンで実行し、10秒後に結果画面に遷移するか確認しょう。

▼図3-34　動作確認

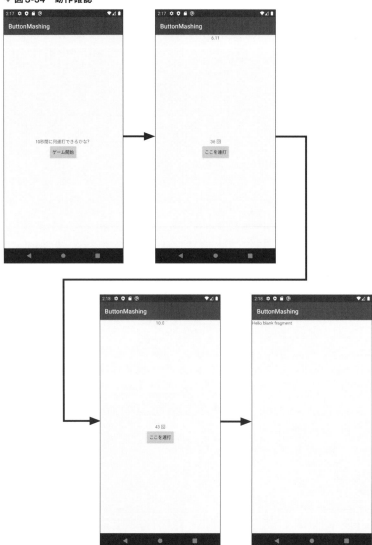

3-5 結果を表示する

結果画面で、今回の結果が何回だったのか表示します。ゲーム画面で最後の回数を結果画面に渡します。

➡ 結果画面で連打回数を表示する

navigateメソッドを呼ぶ際に、渡したいデータをBundleで渡すことができます。

▼リスト3-61　app/src/main/java/com/cmtaro/app/buttonmashing/GameFragment.kt

```kotlin
class GameFragment : Fragment() {
    // (中略)

    override fun onStart() {
        super.onStart()
        gameViewModel.start {
            findNavController().navigate(
                R.id.action_gameFragment_to_resultFragment,
                Bundle().apply {
                    putInt("count", it)
                })
        }
    }

}
```

ほかにも、String、Float、Parcelable、Serializableなど、さまざまなデータを送ることができます。

次に、結果画面でデータを受け取って、TextViewで表示します。とてもシンプルな画面ですが、復習を兼ねて DataBindingを使って表示してみましょう。ViewModel、レイアウトファイル、Fragmentの設定まで実装します。

▼リスト3-62　app/src/main/java/com/cmtaro/app/buttonmashing/ResultViewModel.kt

```kotlin
package com.cmtaro.app.buttonmashing
```

```
import androidx.lifecycle.MutableLiveData

class ResultViewModel {
    val count = MutableLiveData<Int>(0)
}
```

▼リスト3-63　app/src/main/res/layout/fragment_result.xml

```xml
<?xml version="1.0" encoding="utf-8"?>
<layout xmlns:android="http://schemas.android.com/apk/res/android"
    xmlns:app="http://schemas.android.com/apk/res-auto"
    xmlns:tools="http://schemas.android.com/tools">

    <data>

        <variable
            name="viewModel"
            type="com.cmtaro.app.buttonmashing.ResultViewModel" />
    </data>

    <androidx.constraintlayout.widget.ConstraintLayout
        android:layout_width="match_parent"
        android:layout_height="match_parent"
        tools:context=".ResultFragment">

        <TextView
            android:id="@+id/title_text"
            android:layout_width="wrap_content"
            android:layout_height="wrap_content"
            android:text="@string/result_title"
            app:layout_constraintLeft_toLeftOf="parent"
            app:layout_constraintRight_toRightOf="parent"
            app:layout_constraintTop_toTopOf="parent" />

        <TextView
            android:id="@+id/count_text"
            android:layout_width="wrap_content"
            android:layout_height="wrap_content"
            app:countText="@{viewModel.count}"
            app:layout_constraintLeft_toLeftOf="parent"
            app:layout_constraintRight_toRightOf="parent"
            app:layout_constraintTop_toBottomOf="@id/title_text" />

    </androidx.constraintlayout.widget.ConstraintLayout>
```

```
</layout>
```

▼リスト3-64　app/src/main/res/values/strings.xml

```xml
<string name="result_title">結果発表！</string>
```

▼リスト3-65　app/src/main/java/com/cmtaro/app/buttonmashing/ResultFragment.kt

```kotlin
import android.os.Bundle
import android.view.LayoutInflater
import android.view.View
import android.view.ViewGroup
import androidx.databinding.DataBindingUtil
import androidx.fragment.app.Fragment
import com.cmtaro.app.buttonmashing.databinding.FragmentResultBinding

class ResultFragment : Fragment() {

    val viewModel = ResultViewModel()

    override fun onCreateView(
        inflater: LayoutInflater, container: ViewGroup?,
        savedInstanceState: Bundle?
    ): View? {
        return inflater.inflate(R.layout.fragment_result, null)
    }

    override fun onViewCreated(view: View, savedInstanceState: Bundle?) {
        super.onViewCreated(view, savedInstanceState)
        val binding: FragmentResultBinding =
            DataBindingUtil.bind(view) ?: throw RuntimeException("FragmentResultBi
ndingでバインドできない")
        binding.lifecycleOwner = viewLifecycleOwner
        binding.viewModel = viewModel
    }

    override fun onStart() {
        super.onStart()
        val count = arguments?.getInt("count", 0) ?: 0
        viewModel.count.value = count
    }
}
```

GameFragment から ResltFragment に渡した count データは、以下のように受け取

ります。Bundleでputしたデータは、argumentsで受け取れます。

あとは、取得後にViewModelに設定するだけです。

▼リスト3-66

```
override fun onStart() {
    super.onStart()
    count = arguments?.getInt("count", 0) ?: 0
    viewModel.count.value = count
}
```

「Run」ボタンで実行して、動作確認をしてみましょう。結果画面で連打回数が表示されます。

▼図3-35　動作確認

3-6 ゲームレコードを管理する

ゲームごとの連打の履歴を管理して、一覧を表示してみましょう。今回はデータベース(SQLiteなど)で永続化せずに、アプリが起動中のみの履歴を表示するようにします。

➡ JetpackのViewModelでデータを共有する

ゲーム画面 (GameFragme) で連打回数が作られ、結果画面 (ResultFragment) で連打回数の履歴を表示します。そのままでは、Navigationで画面遷移をするたびにFragmentは新しく生成されてしまい、履歴を保存できません。以下は失敗するコード例です。

▼リスト3-67　app/src/main/java/com/cmtaro/app/buttonmashing/ResultFragment.kt

```
class ResultFragment : Fragment() {
    private val history = mutableListOf<Int>()

    override fun onStart() {
        super.onStart()
        count = arguments?.getInt("count", 0) ?: 0
        viewModel.count.value = count
        history.add(count);
        Log.d("count", history.toString()); // 全然履歴が保存されず、常に1件
    }
}
```

■ Frgment間のデータ共有

今回のように、Fragment/Activity間でデータを使い回すようなケースに便利なのがViewModelです。履歴のデータをFragment間で共有して追加と表示を作ります。

ViewModelについては、実際に動きを見たほうがわかりやすいので、説明は後ほどおこないます。

■ ViewModelの実装

新しくMainSharedViewModelを作ります。連打回数の履歴を保存するLiveData

を作成します。ViewModelを継承しておく必要があります。

▼リスト3-68　app/src/main/java/com/cmtaro/app/buttonmashing/MainSharedViewModel.kt

```
package com.cmtaro.app.buttonmashing

import androidx.lifecycle.MutableLiveData
import androidx.lifecycle.ViewModel

class MainSharedViewModel : ViewModel() {
    val history = MutableLiveData<MutableList<Int>>(mutableListOf())
}
```

　ゲーム画面で連打回数を保存します。

▼リスト3-69　app/src/main/java/com/cmtaro/app/buttonmashing/GameFragment.kt

```
package com.cmtaro.app.buttonmashing

// 追加
import androidx.fragment.app.activityViewModels

class GameFragment : Fragment() {

    private val gameViewModel = GameViewModel()

    // 追加
    private val mainViewModel: MainSharedViewModel by activityViewModels()

    override fun onStart() {
        super.onStart()
        gameViewModel.start {
            // 追加
            mainViewModel.history.value?.add(it)

            findNavController().navigate(
                R.id.action_gameFragment_to_resultFragment,
                Bundle().apply {
                    putInt("count", it)
                })
        }
    }

}
```

▼リスト3-70

```
//追加
import androidx.fragment.app.activityViewModels
import android.util.Log

class ResultFragment : Fragment() {

    // 追加
    private val mainViewModel: MainSharedViewModel by activityViewModels()

    // （中略）

    override fun onStart() {
        super.onStart()
        count = arguments?.getInt("count", 0) ?: 0
        viewModel.count.value = count
        // 追加
        Log.d("count:", mainViewModel.history.value?.toString())
    }
}
```

「Run」ボタンを押して動作確認をしましょう。今度はちゃんと履歴が保存されています。

▼リスト3-71

```
2020-02-27 14:35:19.314 15611-15611/com.cmtaro.app.buttonmashing D/count:: [18]
2020-02-27 14:35:52.390 15611-15611/com.cmtaro.app.buttonmashing D/count:: [18, 29]
2020-02-27 14:36:17.151 15611-15611/com.cmtaro.app.buttonmashing D/count:: [18, 29,
52]
```

ポイントは、ViewModelを取得する方法です。今まで自分でViewModelのインスタンスを作成していましたが、共有するViewModelはシステムから取得します。

▼リスト3-72

```
private val mainViewModel: MainSharedViewModel by activityViewModels()
```

動きとしては、以下のとおりです。

- すでに作成済みのインスタンスがあるなら、そのインスタンスを返す

- まだ作成されていないなら、新しいインスタンスを生成する

データの共有できる範囲は、2つ選べます。

▼リスト3-73

```
private val mainViewModel: MainSharedViewModel by viewModels()
private val mainViewModel: MainSharedViewModel by activityViewModels()
```

viewModels()の定義は、以下のようになっています。

▼リスト3-74

```
@MainThread
inline fun <reified VM : ViewModel> Fragment.viewModels(
    noinline ownerProducer: () -> ViewModelStoreOwner = { this },
    noinline factoryProducer: (() -> Factory)? = null
) = createViewModelLazy(VM::class, { ownerProducer().viewModelStore },
factoryProducer)
```

システムでViewModelを生成させるには、ViewModelStoreOwnerとFactoryが必要です。デフォルト値が指定されてあるため、必ずしも自分で実装する必要がありません。必要に応じて適切に実装しましょう。

- ViewModelStoreOwner：ViewModelの所有者。デフォルトではthisで自身がオーナになっている。オーナーが死ぬときにデータが開放される。オーナーが同じ場合は同じインスタンスを取得できる。
- Factory：ViewModelを作るときに細かい設定が必要な場合、作り方をカスタマイズできる。

activityViewModelsの定義は、以下のようになっています。

▼リスト3-75

```
@MainThread
inline fun <reified VM : ViewModel> Fragment.activityViewModels(
    noinline factoryProducer: (() -> Factory)? = null
) = createViewModelLazy(VM::class, { requireActivity().viewModelStore },
    factoryProducer ?: { requireActivity().defaultViewModelProviderFactory })
```

ここでは、viewModelでViewModelStoreOwnerがActivityになっています。つまり、Fragmentが同じActivityにひもづいている場合は、同じインスタンスを取得できます。生存期間もActivityが破棄されるまでなので、Fragmentが破棄されてもデータは生き続けます。

Column▶ ActivityがオーナーのViewModelだけでは
保存・復元されないケース

ActivityがオーナーであるViewModelであっても、完璧な保存・復元ではありません。ViewModelの保存領域はメモリ内であるため、ActivityをユーザーによってFinishされた場合は、もちろん消えてしまいます。また、Activityがシステムによって破棄され再開された場合は、復元されません。

たとえば、アプリを起動後、ホームボタンなどを押してバックグランドにしたまま、ほかのゲームアプリなどを起動し、重たい状態になったとします。このとき、メモリが少なくなって、バッググランドにあるアプリが強制的に殺されてしまう場合があります。その場合、アプリが再開されても、ViewModelの中身は復元されません。

そのため、どんなときでも復元してほしい場合は、従来のonSaveInstanceState()を使って殺される時、データを退避させ、再開後復元させる処理が必要です。

- UIの状態の保存 (Androidデベロッパー)：
https://developer.android.com/topic/libraries/architecture/saving-states?hl=ja

また最近では、onSaveInstanceState()を使ってかんたんにViewModelのデータを保存・復元処理するSavedStateHandleを作った方法もあります。くわしくは、Androidデベロッパーのページを参照してください。

- ViewModelの保存済み状態のモジュール (Androidデベロッパー)：
https://developer.android.com/topic/libraries/architecture/viewmodel-savedstate?hl=ja

---

➡ RecylerViewを使ってListを表示する

レコードの取得ができたので、一覧を表示します。一覧表示にはListViewやRecylerViewがありますが、最近はRecylerViewが主流となっています。ここでもRecylerViewを使って一覧表示をします。

RecylerViewで表示するには、最低限必要なものが以下の2つです。

- Adapter：データの管理と1つ1つのレイアウトの管理をする
- LayoutManager：表示するレイアウトの大枠を表示する

Adapterは、データの個数、データごとのレイアウトファイルの指定、データとレイアウトファイルのひもづけについて設定します。LayoutManagerは、縦、横、グリットに並べるなど全体のレイアウトについて設定します。ほかにも、ItemDecorationで細かいレイアウトの装飾や位置調整が設定できます。

■ Adapterをつくる

RecylerViewのAdapterで最低限必要なものは以下の2つです。

- Data：List型などの一覧のデータ
- ViewHolder：データごとの基本となるView

RecylerViewは、名前のとおりViewをリサイクルして表示しています。たとえば、100のデータがあったときに、100個のViewを作る必要はありません。ユーザに表示されていないViewは無駄になってしまいます。レイアウトにもよりますが、せいぜい5個ぐらいあれば、画面いっぱいにViewが表示されます。RecylerViewでは、見えているView数+aのViewを使い回しています。+aは、すぐに表示できるように、前後数個ぶんが先読みでセットアップされているからです。スクロール時に見えなくなったViewに新しいデータで更新して、新しいViewとして表示しています。

ViewHolderは、名前のとおり1度作ったViewを保持し続けるためのHolderです。
さっそくAdapterから作ってみましょう。

▼ リスト3-76　app/src/main/java/com/cmtaro/app/buttonmashing/HistoryAdapter.kt

```
import android.view.LayoutInflater
import android.view.ViewGroup
import androidx.databinding.DataBindingUtil
import androidx.recyclerview.widget.RecyclerView
import com.cmtaro.app.buttonmashing.databinding.ItemHistoryBinding

class HistoryAdapter : RecyclerView.Adapter<HistoryItemViewHolder>() {

    var histories = listOf<Int>()

    override fun onCreateViewHolder(parent: ViewGroup, viewType: Int):
```

```
HistoryItemViewHolder {
        val binding = DataBindingUtil.inflate<ItemHistoryBinding>(
            LayoutInflater.from(parent.context),
            R.layout.item_history,
            parent,
            false
        )

        return HistoryItemViewHolder(binding)
    }

    override fun getItemCount(): Int = histories.size

    override fun onBindViewHolder(holder: HistoryItemViewHolder, position: Int) {
        val history = histories[position]
        holder.bind(history)
    }

    fun update(list: List<Int>) {
        histories = list
        notifyDataSetChanged()
    }

}

class HistoryItemViewHolder(val binding: ItemHistoryBinding) :
    RecyclerView.ViewHolder(binding.root) {
    fun bind(count: Int) {
        binding.count = count
    }
}
```

▼ リスト3-77　app/src/main/res/layout/item_history.xml

```xml
<?xml version="1.0" encoding="utf-8"?>
<layout xmlns:android="http://schemas.android.com/apk/res/android">
    <data>

        <variable
            name="count"
            type="int" />
    </data>
    <LinearLayout
        android:layout_width="match_parent"
        android:layout_height="wrap_content"
```

```
        android:orientation="horizontal">

        <TextView
            android:id="@+id/record_text"
            countText="@{count}"
            android:layout_width="wrap_content"
            android:layout_height="wrap_content" />

    </LinearLayout>

</layout>
```

RecyclerView.Adapterを継承します。保持するViewHolderを指定します。今回は、このAdapter用にHistoryItemViewHolderを作成します。

Adapterでは、以下の3つを実装する必要があります。

- getItemCount：データの表示件数を設定する。
- onCreateViewHolder：レイアウトファイルからViewを作る。このときDataBindingの設定もおこなっている。
- onBindViewHolder：ViewHolderの更新処理。positionで何番目という情報が送られてくるので、その時のデータで更新する。

また、データが更新されたときの更新処理updateを追加しました。

➜ 結果画面を作る

結果画面にRecylerViewを追加して、一覧を表示できるようにします。

▼リスト3-78　app/src/main/res/layout/fragment_result.xml

```xml
<?xml version="1.0" encoding="utf-8"?>
<layout xmlns:android="http://schemas.android.com/apk/res/android"
    xmlns:app="http://schemas.android.com/apk/res-auto"
    xmlns:tools="http://schemas.android.com/tools">

    <data>

        <variable
            name="viewModel"
            type="com.cmtaro.app.buttonmashing.ResultViewModel" />
```

```xml
    </data>

    <androidx.constraintlayout.widget.ConstraintLayout
        android:layout_width="match_parent"
        android:layout_height="match_parent"
        tools:context=".ResultFragment">

        <TextView
            android:id="@+id/title_text"
            android:layout_width="wrap_content"
            android:layout_height="wrap_content"
            android:text="@string/result_title"
            app:layout_constraintLeft_toLeftOf="parent"
            app:layout_constraintRight_toRightOf="parent"
            app:layout_constraintTop_toTopOf="parent" />

        <TextView
            android:id="@+id/count_text"
            android:layout_width="wrap_content"
            android:layout_height="wrap_content"
            app:countText="@{viewModel.count}"
            app:layout_constraintLeft_toLeftOf="parent"
            app:layout_constraintRight_toRightOf="parent"
            app:layout_constraintTop_toBottomOf="@id/title_text" />


        <androidx.recyclerview.widget.RecyclerView
            android:id="@+id/historyRecyclerView"
            android:layout_width="0dp"
            android:layout_height="0dp"
            app:layout_constraintBottom_toBottomOf="parent"
            app:layout_constraintLeft_toLeftOf="parent"
            app:layout_constraintRight_toRightOf="parent"
            app:layout_constraintTop_toBottomOf="@id/count_text" />


    </androidx.constraintlayout.widget.ConstraintLayout>

</layout>
```

ResultFragmetで、RecylerViewの初期設定をします。

▼リスト3-79　app/src/main/java/com/cmtaro/app/buttonmashing/ResultFragment.kt

```
// 追加
import androidx.recyclerview.widget.LinearLayoutManager
// 追加
import androidx.recyclerview.widget.RecyclerView

class ResultFragment : Fragment() {

    // 追加
    val adapter = HistoryAdapter()

    override fun onViewCreated(view: View, savedInstanceState: Bundle?) {
        super.onViewCreated(view, savedInstanceState)
        val binding: FragmentResultBinding =
            DataBindingUtil.bind(view) ?: throw RuntimeException("FragmentResultBi
ndingでバインドできない")
        binding.lifecycleOwner = viewLifecycleOwner
        binding.viewModel = viewModel

        // ここから
        binding.historyRecyclerView.layoutManager = LinearLayoutManager(requireCon
text(), RecyclerView.VERTICAL, false)
        binding.historyRecyclerView.adapter = adapter
        // ここまで
    }

}
```

RecylerViewにAdapterとLayoutMangerを設定しています。並べる方向は縦なの
で、LinearLayoutManagerにRecyclerView.VERTICALを設定しています。

▼リスト3-80

```
binding.historyRecyclerView.layoutManager = LinearLayoutManager(requireContext(),
RecyclerView.VERTICAL, false)
binding.historyRecyclerView.adapter = adapter
```

➡ レコードに更新があったら一覧を更新する

　今回のアプリでは、MainSharedViewModelのhistoryに更新があったら、一覧を
更新するようにしてみます。LiveDataを監視して更新あったら一覧を更新できるように、
onViewCreatedに以下を追記します。

▼リスト3-81　app/src/main/java/com/cmtaro/app/buttonmashing/ResultFragment.kt

```kotlin
// 追加
import androidx.lifecycle.Observer

class ResultFragment : Fragment() {
    private val mainViewModel: MainSharedViewModel by activityViewModels()

    override fun onViewCreated(view: View, savedInstanceState: Bundle?) {
        super.onViewCreated(view, savedInstanceState)
        // （中略）

        // ここから
        mainViewModel.history.observe(viewLifecycleOwner, Observer {
            adapter.update(it ?: listOf())
        })
        // ここまで追加

    }

}
```

　observeで監視するには、LifecycleOwnerと変更があったときのコールバックobserverが必要です。LiveDataの監視はobserveでおこないます。

▼リスト3-82

```java
@MainThread
public void observe(@NonNull LifecycleOwner owner, @NonNull Observer<? super T>
observer)
```

　historyに変化があったときに、adapterのデータ更新します。

▼リスト3-83

```kotlin
mainViewModel.history.observe(viewLifecycleOwner, Observer {
    adapter.update(it ?: listOf())
})
```

　これで一覧を表示できるようになりました。「Run」ボタンを押して動作確認をしてみましょう。

▼図3-36　動作確認

第**4**章

OSSを駆使した
現場の実践TIPS

4-1 Androidアプリ開発とOSS

OSS (Open Source Software) は、ソースコードが一般に公開され、ソースコードの利用や再配布が可能なソフトウェアです。OSSとして開発されている有名なソフトウェアとしては、OSのLinuxやWebサーバーのApache HTTP Serverがあります。AndroidもAOSPの中でOSSとして開発されています。そのため、Androidアプリ開発とOSSは切っても切り離せない関係です。

→ AOSPとは

AOSP (Android Open Source Project) は、Googleが主導するオープンソースプロジェクトで、Androidに関連するプロダクトが開発されています。Androidアプリから利用するAndroid SDKやJetpackに留まらず、メーカーが端末に組み込むAndroid OSも開発対象です。

- AOSP：https://source.android.com/

→ AOSPのソースコード

AOSPで開発されているプロダクトのソースコードは、Gitでバージョン管理されています。開発対象が多岐に渡るため、管理されているリポジトリやファイル数は膨大です。その大規模な開発をサポートするためにrepoも使用されています。repoは複数のGitリポジトリを横断する作業をサポートするツールです。このようなツールが必要とされることからも、AOSPが巨大なプロジェクトだとわかります。

公式の手順書に沿って、repoをインストールし、ソースコードをダウンロードできます。

- repoのインストール：https://source.android.com/setup/build/downloading

また、ブラウザを使用して「Android Code Search」からもAOSPのソースコードを検索できます。この書籍で使用したAPIのクラスやメソッドの実装もすぐに読めるので、興味があれば少し検索してみてください。

- Android Code Search：https://cs.android.com/

→ Android StudioでOSSのソースコードを参照する

Android Studioのエディタは、テキストカーソルの位置にあるクラスや関数が実装されているソースコードにジャンプする機能を備えています。この機能は、右クリックして表示されるコンテキストメニューの「Go To > Implementation(s)」から実行できます。

▼図4-1　コンテキストメニュー

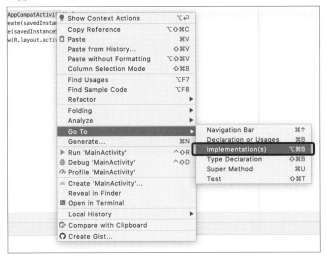

おもに開発中のアプリのソースコードを確認するための機能ですが、使用しているAndroid SDKやJetpack、OSSライブラリのソースコードにもジャンプできます。

アプリを開発していると、APIのドキュメントに知りたいことが十分に書かれていなかったり、APIが想定どおり動作しなかったりします。そういった場合に、Androidアプリ開発の現場ではソースコードを確認することが多いです。これは、SDKのソースコードが公開されていないiOSアプリやWindowsソフトウェアの開発では不可能です。

いざというときは、SDKのソースコードであっても、すぐに読めることを覚えておくと良いでしょう。

→ ライセンス

各OSSにはライセンスが設定されており、OSS使用者はこのライセンスに従う必要があります。

Androidアプリで使用するOSSライブラリの場合、次のような使用条件の比較的ゆるいライセンスが設定されていることが多いです。

- Apache License 2.0
- 修正BSD License
- MIT License

　これらは、Androidアプリにライセンスを表記する画面を用意することで、使用条件を満たせます。画面で表記すべき内容はライセンスで異なるため、詳細はライセンスをおもに解説しているWebサイトや書籍『OSSライセンスの教科書』（技術評論社）を参照すると良いでしょう。

　4-6節では、ライセンスを表記する画面を自動生成するライブラリを紹介しています。まずは、そうしたライブラリを活用することをおすすめします。

→ OSSを使用するメリットとデメリット

■ メリット

　アプリに組み込みたい機能がOSSで用意されている場合、自分で実装するコストを削減でき、開発の生産性を向上できます。

　たとえば、Jetpackは古いバージョンから最新バージョンのAndroid OSでの動作がサポートされています。これは、数々の改善提案や不具合報告への対応が取り込まれた結果です。単一の企業や個人の開発者がおこなうには現実的ではないほどのコストを伴います。

　また、OSSとして広く使用され不具合の修正が重ねられているJetpackを使用したほうが、独自に実装した機能よりも動作が安定するでしょう。

■ デメリット

　OSSの開発者は利用者の不利益に責任を負いません。これは、ライセンスに記載されています。たとえば、Androidアプリで使用するOSSライブラリの場合、次のような問題が起こります。

- OSSライブラリに不具合がある
- OSSライブラリがAndroid OSの更新に追随しない

OSSライブラリに不具合があり、Androidアプリの動作に影響が出たとしても、OSS
ライブラリの開発者に修正の義務はありません。

また、1年ごとにAndroid OSの最新バージョンが発表されます。この最新バージョ
ンでOSSライブラリが正常に動作しなくなっても、OSSライブラリの開発者に修正の義
務はありません。Google PlayでAndroidアプリを公開・更新するための要件には、
targetSdkVersionで特定のバージョン以上のターゲットAPIレベルを指定することが
含まれています。Googleの動向次第ではありますが、Android OSの最新バージョン
が発表された1年後には、そのバージョンに対応するターゲットAPIレベルの指定が必
要になります。使用しているOSSライブラリが修正されない場合、Google Playでのア
プリの公開が危ぶまれます。

このようにOSSを使用したアプリ開発にはメリットとデメリットが存在します。OSSを
使用するか慎重に判断しましょう。

→ OSSを使用するかの判断

■ ライセンスの使用条件を確認する

まず、OSSライセンスの使用条件を満たせるか判断する必要があります。

GPLのように使用条件が厳しいライセンスも存在します。OSSを使用しているアプリ
やプログラムのソースコードの公開が使用条件となっている場合もあり、違反を指摘さ
れソースコードの公開に至った事例も存在します。使用条件を満たすことができるか、
注意して検討しましょう。

■ OSSのメンテナンス状況を確認する

基本的に、開発が停滞・停止しているOSSの使用は避けたほうが良いでしょう。
GitHubで公開されているOSSの場合、以下の状況を確認することで、開発が停滞し
ているか判断できます。

- 最終コミットの日時
- 直近のコミット数
- Issuesの状況

また、READMEファイルに開発停止が明示されている場合もあります。
すでにOSSを使用している場合は、定期的にメンテナンス状況を確認しましょう。

Androidアプリで使用するOSSライブラリがAndroid OSの最新バージョンへの対応を進めているかは、GitHubであればIssuesの様子で確認できます。また、すでに対応が完了している場合はRelease Notesに記載されています。

4-2 GradleでOSSを管理する

Android Studioのビルドシステムでは、Gradleが使用されています。Gradleは以下のような用途で利用されます。

- OSSのライブラリ管理
- ビルドバリアントの管理
- 複数APKサポート
- リソースの圧縮

　詳細は公式ドキュメントを参照すると良いでしょう。

- Gradleのドキュメント：https://developer.android.com/studio/build

　Gradleのスクリプトファイルは、プログラミング言語のGroovyで記述します。本書で解説する範囲であれば、Groovyの言語仕様を理解していなくても困ることはありません。しかし、複雑な設定が必要になった場合はGroovyの仕様を調べてみても良いでしょう。

➡ build.gradle

　Android Studioで新規プロジェクトを作成すると、以下のように、異なるディレクトリにbuild.gradleファイルが2個作られます。これらはGradleで処理されるスクリプトファイルです。

- トップレベルのbuild.gradle：プロジェクトのルートディレクトリに置かれているファイル
- アプリモジュールのbuild.gradle：appディレクトリに置かれているファイル

　プロジェクトツールウィンドウのAndroidビューでは「Gradle Scripts」としてまとめて表示されます。トップレベルのbuild.gradleの後ろには（Project: プロジェクト名）

が、アプリモジュールのbuild.gradleの後ろには**（Module： app）**と表示されます。

▼図4-2　ProjectビューＡndroid表示

プロジェクトツールウィンドウのProject Filesビューでは、プロジェクトのルートディレクトリとappディレクトリにそれぞれ表示されます。

▼図4-3　ProjectビューＰroject Files表示

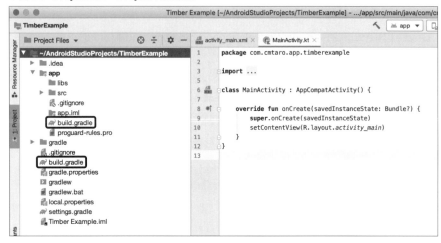

同じファイル名なので、編集する時は気をつけましょう。本書ではどちらのファイルかを明示しています。手順どおりに編集しても問題が起きる場合は、編集したファイルが正しいか確認してみてください。

→ サンプルプロジェクトの作成

それでは、OSSライブラリを管理する手順を見ていきましょう。

まずはOSSライブラリを追加するプロジェクトを作成します。1-4節のプロジェクト生成を参照しながら、以下のプロジェクトを作りましょう。

▼表4-1　作成するプロジェクト

項目名	値
Name	Timber Example
Package name	com.cmtaro.app.timberexample
Save location	任意のパス
Language	Kotlin
Minimum API Level	API23

▼図4-4　新規プロジェクト作成

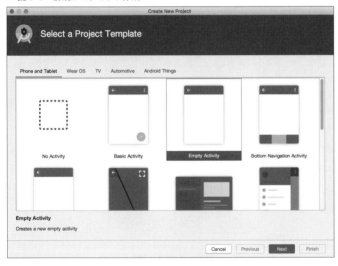

▼図4-5　新規プロジェクト作成

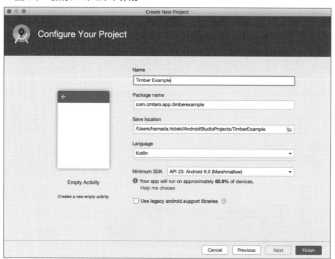

➡ ライブラリの追加

　OSSライブラリを追加するために、アプリモジュールのbuild.gradleを開いて、
dependencies {...}のカッコの中に下記で示している行を追加します。ここでは、次
節で使用するTimberのバージョン4.7.0を追加しています。

▼リスト4-1　app/build.gradle

```
dependencies {
    // （中略）

    // この行を追加
    implementation 'com.jakewharton.timber:timber:4.7.0'
}
```

　アプリモジュールのbuild.gradleを編集してファイルを保存すると、エディターの上
部に次のようなメッセージが表示されます。

▼リスト4-2

```
Gradle files have changed since last project sync. A project sync may be necessary
for the IDE to work properly.
```

このメッセージの右端にSync Nowのボタンも一緒に表示されるので、クリックしてください。

▼ **図4-6　Gradle Sync Now**

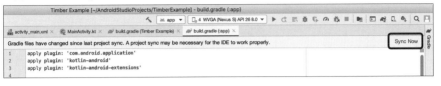

Gradle Syncと呼ばれる処理が開始されるので少し待ちます。この時、編集したbuild.gradleの設定をGradleが反映します。編集内容に問題がなければ、Gradle Syncが成功します。

▼ **図4-7　Gradle Sync 成功**

これでライブラリが提供する機能を使用してアプリの実装を進められます。次節以降で、実際にライブラリを試していきましょう。

ライブラリの更新

追加したライブラリのバージョンを更新する場合、バージョン指定の記述を編集します。たとえば、先ほど追加したTimberのバージョンを4.7.0から4.7.1に更新する場合は、アプリモジュールのbuild.gradleを次のように編集します。

▼ **リスト4-3　app.build.gradle**

```
dependencies {
    // (中略)

    // 4.7.0と記述していた箇所を4.7.1に変更
    implementation 'com.jakewharton.timber:timber:4.7.1'
}
```

ライブラリを追加した時と同様に、Gradle Syncを実行して完了です。

→ ライブラリの削除

追加したライブラリを削除する場合、アプリモジュールのbuild.gradleに追加した行を削除します。

▼リスト4-4

```
dependencies {
    // （中略）

    // この行をすべて削除
    implementation 'com.jakewharton.timber:timber:4.7.0'
}
```

ライブラリを追加した時と同様に、Gradle Syncを実行して完了です。

4-3 Timberを使用して ログ出力を実装する

Androidでは Log クラスを使用してログを出力できます。Timberは、このログの出力を扱いやすくするためのライブラリです。

- GitHub：https://github.com/JakeWharton/timber
- ライセンス：Apache License 2.0
- 使用するバージョン：4.7.1

➡ サンプルプロジェクトを作成する

1-4節のプロジェクト生成を参照しながら、以下のプロジェクトを作りましょう。

▼表4-2 作成するプロジェクト

項目名	値
Name	Timber Example
Package name	com.cmtaro.app.timberexample
Save location	任意のパス
Language	Kotlin
Minimum API Level	API23

▼図4-8 新規プロジェクト作成

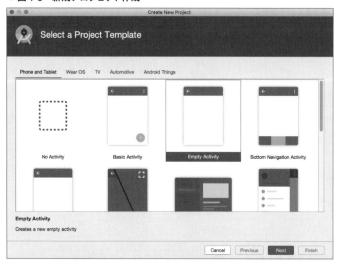

▼図4-9 新規プロジェクト作成

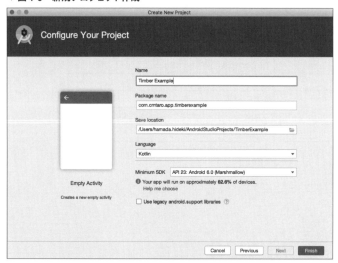

ライブラリを追加する

アプリモジュールの build.gradle には以下を追加してください。

▼リスト4-5　app/build.gradle

```
dependencies {
```

```
    // （中略）

    // この行を追加
    implementation 'com.jakewharton.timber:timber:4.7.1'
}
```

→ アプリのエントリーポイントを用意する

■ Androidアプリの起動時の処理

Timberはアプリの起動後に1度初期化しなければいけません。

ログの出力は、アプリの特定の画面や機能に限定せず、アプリが起動した後のさまざまなタイミングでおこなうでしょう。そのため、アプリの起動時にTimberの初期化処理を実行するのが望ましいです。

Androidアプリではなく、プログラミング言語としてのKotlinを単体で実行した場合、以下のようなmain関数がプログラムの起動時に実行されます。

▼リスト4-6

```
fun main() {
    println("Hello World!")
}
```

こうした関数をプログラムの「エントリーポイント」や「メインルーチン」と呼びます。

Androidアプリを開発するためにKotlinを使用していますが、残念ながらこのmain関数は使用できません。こうした言語レベルのエントリーポイントは、Android SDK がAndroidアプリのライフサイクルを管理する処理を実行するために使用します。そこに独自のコードは追加できません。

代わりに、Androidアプリ特有のエントリーポイントとして、Applicationクラスが提供されています。このクラスは、ActivityやServiceといったAndroidアプリのコンポーネントよりも前に生成されます。生成後、必ずApplication#onCreateメソッドが実行されるので、このメソッドをAndroidアプリのエントリーポイントとして活用できます。

■ Applicationクラスのサブクラスを実装する

前述のエントリーポイントを用意するために、Applicationクラスを継承したAppクラスを実装します。App.ktファイルを作成して、以下の内容を記述してください。

▼リスト4-7　app/src/main/java/com/cmtaro/app/timberexample/App.kt

```
package com.cmtaro.app.timberexample

import android.app.Application

class App : Application() {

    override fun onCreate() {
        super.onCreate()
    }
}
```

■ AndroidManifest.xmlを編集する

Androidアプリに、実装した App クラスを使用してもらうために、AndroidManifest.xmlを編集します。<application> タグに android:name=".App" を追記します。

▼リスト4-8　app/src/main/AndroidManifest.xml

```
<?xml version="1.0" encoding="utf-8"?>
<manifest xmlns:android="http://schemas.android.com/apk/res/android"
    package="com.cmtaro.app.timberexample">

    <application
        android:name=".App"
        （中略）
        >
        （中略）
    </application>

</manifest>
```

androd:name=".App" の .App で、実装した Application クラスを継承した App クラスを指定しています。これで、Androidアプリの起動時に App クラスの onCreate メソッドが実行されます。

→ Timber の初期化処理を実装する

独自の処理が追加できるAndroidアプリのエントリーポイントを用意できました。Timberの初期化処理を実装しましょう。

App クラスの onCreate メソッドを以下のように変更します。

```
package com.cmtaro.app.timberexample

import android.app.Application
import timber.log.Timber

class App : Application() {

    override fun onCreate() {
        super.onCreate()

        if (BuildConfig.DEBUG) {
            Timber.plant(Timber.DebugTree())
        }
    }
}
```

BuildConfig.DEBUGには、デバッグビルドされた時に真偽値のtrueが格納されるため、以下のコードのif文のブロックはデバッグ時のみ実行されます。

▼リスト4-10

```
if (BuildConfig.DEBUG) {
    Timber.plant(Timber.DebugTree())
}
```

Timberを初期化するTimber.plantメソッドが実行されない限り、Timberのメソッドを呼び出してもログの出力はおこなわれません。Google Playで公開したリリースビルドのアプリで、ログ出力によるパフォーマンスの低下や、誤ってログに含めてしまった秘匿情報の漏えいを避けることができます。

→ ログ出力を実装する

Timberの初期化処理を実装したので、任意のタイミングでTimberを使用してログの出力がおこなえます。MainActivity.ktを以下のように変更してください。

▼リスト4-11　app/src/main/java/com/cmtaro/app/timberexample/MainActivity.kt

```
package com.cmtaro.app.timberexample

import android.os.Bundle
import androidx.appcompat.app.AppCompatActivity
```

```
import timber.log.Timber

class MainActivity : AppCompatActivity() {

    override fun onCreate(savedInstanceState: Bundle?) {
        super.onCreate(savedInstanceState)
        setContentView(R.layout.activity_main)
    }

    override fun onResume() {
        super.onResume()
        Timber.d("onResumeが実行された")
    }

    override fun onPause() {
        super.onPause()
        Timber.d("onPauseが実行された")
    }
}
```

　変更後、アプリを実行して、MainActivityの画面の表示と非表示をくり返してみてください。Logcatに以下のようなログが出力されるはずです。

▼リスト4-12

```
2020-02-12 04:35:35.053 27007-27007/com.cmtaro.app.timberexample D/MainActivity:
onResumeが実行された
2020-02-12 04:35:39.396 27007-27007/com.cmtaro.app.timberexample D/MainActivity:
onPauseが実行された
2020-02-12 04:35:43.154 27007-27007/com.cmtaro.app.timberexample D/MainActivity:
onResumeが実行された
2020-02-12 04:35:45.240 27007-27007/com.cmtaro.app.timberexample D/MainActivity:
onPauseが実行された
```

　「MainActivity」で出力されたログだとすぐにわかりますね。

→ Timberを使用するメリット

　さきほどのLogcatの出力は、Timberを使用せずにLogクラスを使用した以下のコードと同じ出力です。

▼リスト4-13

```
Log.d("MainActivity", "onResumeが実行された")
```

Log.dメソッドの引数で指定した値は、Logcatで以下のように扱われます。

- 第1引数：Tag
- 第2引数：Message

Logcatビューは右上のメニューからフィルターを選択、または新規作成できます。

▼図4-10　Logcatのフィルター選択

フィルターを新規作成する場合、TagとMessageの内容で絞り込むことができます。

▼図4-11　Logcatのフィルター作成

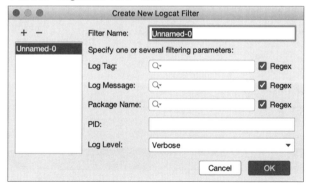

そのため、フィルターを活用できるように、Tagには一定の規則に沿った値を追加し、Messageにはログの目的に応じた形式の内容を指定すると良いでしょう。TimberはこのTagの記述を省略できるため、手軽に使用できます。

4-4 Retrofitを使用して通信処理を実装する

Retrofitは、HTTP通信経由のJSONやXML、Protocol Buffers形式のデータを手軽に処理できるライブラリです。

- GitHub：https://github.com/square/retrofit
- ライセンス：Apache License 2.0
- 使用するバージョン：2.7.1

本節では、JSONの変換のために以下のライブラリも使用します。

- Moshi Converter
    - GitHub：https://github.com/square/retrofit/tree/master/retrofit-converters/moshi
    - ライセンス：Apache License 2.0
    - 使用するバージョン：2.7.1
- Moshi
    - GitHub：https://github.com/square/moshi
    - ライセンス：Apache License 2.0
    - 使用するバージョン：1.9.2

→ サンプルプロジェクトを作成する

1-4節を参考に、Android Studioプロジェクトを作成します。パッケージ名は「com.cmtaro.app.httpexample」とします。以下のプロジェクトを作りましょう。

▼表4-3　作成するプロジェクト

項目名	値
Name	Http Example
Package name	com.cmtaro.app.httpexample
Save location	任意のパス
Language	Kotlin
Minimum API Level	API23

▼図4-12　新規プロジェクト作成

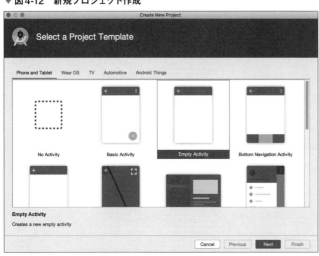

▼図4-13　新規プロジェクト作成

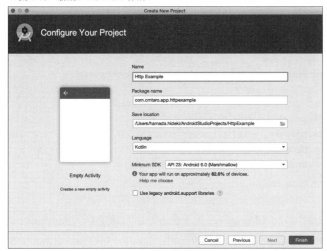

➡ ネットワーク通信に必要なパーミッションを設定する

　Retrofitはネットワーク通信を実行するため、AndroidManifest.xmlに以下のパーミッションを追加してください。

▼リスト4-14

```xml
<?xml version="1.0" encoding="utf-8"?>
<manifest ...>

    <!-- この行を追加 -->
    <uses-permission android:name="android.permission.INTERNET" />

    （中略）

</manifest>
```

➡ ライブラリを追加する

　アプリモジュールの build.gradle に以下を追加してください。

▼リスト4-15

```gradle
dependencies {
    // （中略）
    // 第3章で解説されているJetpackの機能を使用するために以下の行を追加
    def lifecycle_version = "2.2.0"
    implementation "androidx.lifecycle:lifecycle-extensions:$lifecycle_version"
    implementation "androidx.lifecycle:lifecycle-viewmodel-ktx:$lifecycle_version"
    implementation "androidx.lifecycle:lifecycle-livedata:$lifecycle_version"

    def fragment_version = "1.2.0"
    implementation "androidx.fragment:fragment-ktx:$fragment_version"

    // この節で解説するライブラリを使用するために以下の行を追加
    implementation 'com.squareup.retrofit2:retrofit:2.7.1'
    implementation 'com.squareup.retrofit2:converter-moshi:2.7.1'
    implementation 'com.squareup.moshi:moshi:1.9.2'
    implementation 'com.squareup.moshi:moshi-kotlin:1.9.2'
}
```

　同じく、アプリモジュールの build.gradle に以下を追加してください。Jetpackの一部のライブラリがJava 8に依存しているため、明示的にJavaのバージョンを指定する

必要があります。

▼リスト4-16

```
android {
    // (中略)
    compileOptions {
        sourceCompatibility JavaVersion.VERSION_1_8
        targetCompatibility JavaVersion.VERSION_1_8
    }
    kotlinOptions {
        jvmTarget = "1.8"
    }
}
```

→ GitHub APIの仕様

　今回はRetrofitを使用して、GitHubのAPIを実行します。指定したユーザーのリポジトリの情報を取得してみましょう。本節では使用する範囲の仕様のみ解説します。詳細な仕様は公式のドキュメントを参照してください。

- https://docs.github.com/en/rest/reference/repos#list-repositories-for-a-user

■ リクエストの形式

　APIのリクエストのおもな仕様です。

- HTTPメソッド：GET
- ホスト名：api.github.com
- パス：/users/:username/repos

　パスの:usernameでユーザー名を指定します。たとえば、octcatユーザーのリポジトリの情報を取得する場合、以下のパスを使用します。

▼リスト4-17

```
users/octcat/repos
```

　URLとして表現すると以下のようになります。

```
https://api.github.com/users/octcat/repos
```

このURLをPCのブラウザで開くと、レスポンスの内容を確認できます。レスポンス
の内容を見てみたい場合は、試してみると良いでしょう。

■ パラメータの形式

使用するGitHubのAPIは、パラメータを指定できます。今回は以下のソート順を変
更するパラメータを使用します。

- パラメータ名：sort
- おもな値：
    - created：リポジトリの作成日時 (created_atの値) でソート
    - full_name：ユーザー名も含んだリポジトリ名 (full_nameの値) でソート

パラメータはクエリー文字列で指定します。URLとして表現すると以下のようになりま
す。

▼リスト4-19

```
https://api.github.com/users/octcat/repos?sort=created
```

■ レスポンスの形式

使用するGitHubのAPIのレスポンスは、JSON形式のテキストデータです。リポジト
リの情報を含むオブジェクトが配列に格納されています。

▼リスト4-20

```
[
  {
    "full_name": "octcat/boysenberry-repo-1",
    "created_at": "2018-05-10T17:51:29Z",
    // （中略）
  },
  {
    "full_name": "octcat/linguist",
    "created_at": "2016-08-02T17:35:14Z",
    // （中略）
```

```
  },
  {
    "full_name": "octcat/test-repo1",
    "created_at": "2016-04-14T21:29:25Z",
    // （中略）
  },
  // （中略）
]
```

　リポジトリの情報は数多く用意されているため、今回はオブジェクトに含まれている
以下のフィールドのみ使用します。

- full_name：リポジトリ名
- created_at：リポジトリの作成日時

➜ JSONの変換

　JSONは変換しなければ、Kotlinにとっては単なる文字列です。JSONの構造をプロ
グラミング言語固有の型に変換したり、JSONに戻したりするプログラムやライブラリを
JSONパーサーと呼びます。

　Retrofitは、HTTP通信のレスポンスに含まれているJSON形式のテキストデータを、
Kotlinで扱えるオブジェクトに変換する処理を実行します。この時、どのようなルール
で変換するかは別のライブラリに任せます。Converterは、Retrofitとそのライブラリ
の仲介役です。

　今回はJSONパーサーとしてMoshiを、ConverterとしてMoshi Converterを使用
します。

　Moshi以外によく使用されるJSONパーサーとして、GsonやJacksonといったライブ
ラリが存在します。また、KotlinのためにKotlin serializationも開発が進められていま
す。それぞれ、サポートしている機能や動作が異なるため、比較してみると良いでしょ
う。

- Gson：https://github.com/google/gson
- Jackson：https://github.com/FasterXML/jackson
- Kotlin serialization：https://github.com/Kotlin/kotlinx.serialization

→ APIのモデルを定義する

　それでは、APIの仕様に沿って、Androidアプリの実装を進めていきましょう。JSON
は変換しなければ単なる文字列です。まずは、JSONのオブジェクトから値を取り出し
やすいように、モデルをKotlinのデータクラスで定義します。Repo.ktファイルを作成し
て、以下の内容を記述してください。

▼リスト4-21　app/src/main/java/com/cmtaro/app/httpexample/Repo.kt

```
package com.cmtaro.app.httpexample

import com.squareup.moshi.Json

data class Repo(

    @Json(name = "full_name")
    val fullName: String,

    @Json(name = "created_at")
    val createdAt: String
)
```

　以下の記述で、JSONオブジェクトのfull_nameフィールドの値が、Repoデータクラ
スのfullNameプロパティにString型で格納されます。

▼リスト4-22

```
@Json(name = "full_name")
val fullName: String
```

　JSONオブジェクトのフィールド名とKotlinデータクラスのプロパティ名が一致する場
合は、次のようにJSONアノテーションの指定を省略できます。

▼リスト4-23

```
data class Repo(

    val full_name: String,

    val created_at: String
)
```

JSONパーサーのMoshiは、JSONオブジェクトのキー名と一致するフィールドが、Kotlinデータクラスのプロパティとして定義されている想定で、変換処理を実行します。

フィールド名を明示的に指定するかどうかは、プロジェクトにおけるKotlinの命名規約や、レスポンスの仕様から判断すると良いでしょう。

→ APIのインターフェースを定義する

次に、APIのインターフェースを定義します。GitHubService.ktファイルを作成して、以下の内容を記述してください。

▼リスト4-24　app/src/main/java/com/cmtaro/app/httpexample/GitHubService.kt

```
package com.cmtaro.app.httpexample

import retrofit2.http.GET
import retrofit2.http.Path
import retrofit2.http.Query

// (1)
interface GitHubService {

    // (2)
    @GET("users/{user}/repos")
    suspend fun listRepos(
        @Path("user") user: String,
        @Query("sort") sort: String
    ): List<Repo>
}
```

■ (1) Web APIに対するKotlinのインターフェースを定義

GitHub APIと対応するKotlinのインターフェースを定義します。のちほど、GitHub APIのホスト名api.github.comと、このGitHubServiceインターフェースを対応付ける処理を実装します。ここで定義された関数を通して、api.github.comにHTTPリクエストを送信できます。

■ (2) Web APIを実行する関数を定義

今回使用するGitHub APIと対応する関数のインターフェースを定義します。今回使用するAPIのHTTPメソッドはGETなので、GETアノテーションを使用します。また、GETアノテーションの引数として、APIのパスである/users/:username/reposを指定し

ます。

▼リスト4-25

```
@GET("users/{user}/repos")
suspend fun listRepos(...)
```

中カッコ {} で囲まれている {user} は、可変であることを Retrofit に伝えます。この可変の記述を置き換えてほしい関数の引数を、Path アノテーションで指定します。

▼リスト4-26

```
@Path("user") user: String,
```

また、クエリー文字列のパラメータを Query アノテーションで指定します。

▼リスト4-27

```
@Query("sort") sort: String
```

これで、listRepos 関数を通して GitHub API が実行できます。また、関数の引数で、リポジトリを取得したいユーザーとソート順が指定できます。

▼リスト4-28

```
// users/octcat/repos?sort=created というパスにGETリクエストを送信する例
service.listRepos("octcat", "created")
```

➡ Retrofitを使用してインターフェースの実装を生成する

定義したインターフェースをそのまま使用することはできません。Retrofit クラスに実装を生成してもらいます。MainViewModel.kt ファイルを作成して、以下の内容を記述してください。

▼リスト4-29　app/src/main/java/com/cmtaro/app/httpexample/MainViewModel.kt

```
package com.cmtaro.app.httpexample

import androidx.lifecycle.ViewModel
import com.squareup.moshi.Moshi
import com.squareup.moshi.kotlin.reflect.KotlinJsonAdapterFactory
import retrofit2.Retrofit
```

```
import retrofit2.converter.moshi.MoshiConverterFactory

class MainViewModel : ViewModel() {

    // (1)
    private val service: GitHubService by lazy {

        // (2)
        val moshi = Moshi.Builder()
            .add(KotlinJsonAdapterFactory())
            .build()
        val moshiConverterFactory = MoshiConverterFactory.create(moshi)

        // (3)
        val retrofit = Retrofit.Builder()
            .baseUrl("https://api.github.com")
            .addConverterFactory(moshiConverterFactory)
            .build()
        retrofit.create(GitHubService::class.java)
    }
}
```

■ (1) インターフェースの実装を格納するプロパティを宣言

これから生成するインターフェースの実装オブジェクトを格納するプロパティを宣言します。

▼リスト4-30

```
private val service: GitHubService by lazy {
    // (中略)
}
```

by lazy { ... } の記述で、MainViewModelオブジェクトの生成後、serviceプロパティが初めて参照された時にオブジェクトがブロック内の処理で生成されます。

今回はわかりやすさを優先して、ViewModelのプロパティで生成しました。このインターフェースの実装オブジェクトは1度だけ生成してアプリ内で共有しても問題がないため、シングルトンとして管理するのが一般的です。

■ (2) Converterのファクトリーオブジェクトを生成

レスポンスのJSONを変換するために、RetrofitのConverterを生成するファクトリー

オブジェクトを用意します。まずは、JSONパーサーのMoshiの設定を変更するために以下のコードを記述します。

▼リスト4-31

```
val moshi = Moshi.Builder()
    .add(KotlinJsonAdapterFactory())
    .build()
```

`.add(KotlinJsonAdapterFactory())`の記述で、MoshiがKotlinのクラスをサポートするために必要なKotlinJsonAdapterFactoryを追加して、Moshiオブジェクトを生成しています。

最後に、生成したMoshiオブジェクトを引数として渡して、Converterのファクトリーオブジェクトを生成します。

▼リスト4-32

```
val moshiConverterFactory = MoshiConverterFactory.create(moshi)
```

■ (3) GitHubServiceインターフェースの実装オブジェクトを生成

GitHubServiceインターフェースの実装オブジェクトを生成します。まず、Retrofitオブジェクトを生成します。この時、`.baseUrl`メソッドを使用してGitHub APIのホスト名を、`.addConverterFactory`メソッドを使用してConverterのファクトリーオブジェクトを指定します。

▼リスト4-33

```
val retrofit = Retrofit.Builder()
    .baseUrl("https://api.github.com")
    .addConverterFactory(moshiConverterFactory)
    .build()
```

最後に、RetrofitオブジェクトにGitHubServiceインターフェースのClassオブジェクトを渡して、通信処理が実装されたオブジェクトを生成してもらいます。

▼リスト4-34

```
retrofit.create(GitHubService::class.java)
```

➡ Web APIの呼び出しを実装する

それでは API を実行しましょう。作成した MainViewModel.kt ファイルに以下の内容を追加してください。

▼ リスト4-35　app/src/main/java/com/cmtaro/app/httpexample/MainViewModel.kt

```
// (略)
import android.util.Log
import androidx.lifecycle.viewModelScope
import kotlinx.coroutines.launch
import retrofit2.HttpException
import java.io.IOException

class MainViewModel : ViewModel() {
    // (中略)

    fun listRepos() {
        viewModelScope.launch {
            try {
                // (1)
                val repos = service.listRepos("octocat", "created")
                repos.forEach {
                    Log.d(
                        "HTTPExample",
                        "fullName: ${it.fullName}, createdAt: ${it.createdAt}"
                    )
                }
            // (2)
            } catch (e: IOException) {
                Log.e("HTTPExample", "[Network Error] message: ${e.message}")
            // (3)
            } catch (e: HttpException) {
                Log.e("HTTPExample", "[API Error] code: ${e.code()}, message:
${e.message()}")
            }
        }
    }
}
```

■ (1) GitHub APIを実行

GitHubService インターフェースの listRepos 関数を実行します。

▼リスト4-36

```
val repos = service.listRepos("octocat", "created")
```

エラーが発生せず、HTTP通信に成功するとrepos変数にRepoデータクラスのオブジェクトのリストが格納されます。HTTP通信に成功した場合、そのリストに含まれているオブジェクトを順に処理して、リポジトリ名と作成日時をログで出力しています。

▼リスト4-37

```
repos.forEach {
    Log.d(
        "HTTPExample",
        "fullName: ${it.fullName}, createdAt: ${it.createdAt}"
    )
}
```

■ (2) ネットワークエラーを処理

ネットワーク通信が利用できない場合や、指定したホスト名のサーバーへ接続できない場合に、listRepos関数の内部で例外が発生します。この例外を処理する場合はIOExceptionをキャッチして処理します。

▼リスト4-38

```
catch (e: IOException) {
    // （中略）
}
```

■ (3) HTTP通信エラーを処理

GitHub APIのサーバーが何らかのエラーを返した場合、listRepos関数の内部で例外が発生します。この例外を処理する場合はHttpExceptionをキャッチして処理します。

▼リスト4-39

```
} catch (e: HttpException) {
    // （中略）
}
```

　それでは、実装した関数を実行しましょう。MainActivity.ktファイルを以下の内容に変更してください。

▼リスト4-40　app/src/main/java/com/cmtaro/app/httpexample/MainActivity.kt

```
package com.cmtaro.app.httpexample

import android.os.Bundle
import androidx.activity.viewModels
import androidx.appcompat.app.AppCompatActivity

class MainActivity : AppCompatActivity() {

    private val viewModel: MainViewModel by viewModels()

    override fun onCreate(savedInstanceState: Bundle?) {
        super.onCreate(savedInstanceState)
        setContentView(R.layout.activity_main)
    }

    override fun onResume() {
        super.onResume()
        viewModel.listRepos()
    }
}
```

　アプリを実行すると、MainActivityが再表示されるたびに、Logcatに以下のようなログが出力されるはずです。

▼リスト4-41

```
2020-02-07 14:57:01.754 12301-12301/com.cmtaro.app.httpexample D/HTTPExample:
fullName: octcat/boysenberry-repo-1, createdAt: 2018-05-10T17:51:29Z
2020-02-07 14:57:01.754 12301-12301/com.cmtaro.app.httpexample D/HTTPExample:
fullName: octcat/linguist, createdAt: 2016-08-02T17:35:14Z
2020-02-07 14:57:01.754 12301-12301/com.cmtaro.app.httpexample D/HTTPExample:
fullName: octcat/test-repo1, createdAt: 2016-04-14T21:29:25Z
2020-02-07 14:57:01.754 12301-12301/com.cmtaro.app.httpexample D/HTTPExample:
fullName: octcat/hello-worId, createdAt: 2014-06-18T21:26:19Z
2020-02-07 14:57:01.754 12301-12301/com.cmtaro.app.httpexample D/HTTPExample:
fullName: octcat/git-consortium, createdAt: 2014-03-28T17:55:38Z
2020-02-07 14:57:01.754 12301-12301/com.cmtaro.app.httpexample D/HTTPExample:
```

```
fullName: octcat/octocat.github.io, createdAt: 2014-03-18T20:54:39Z
2020-02-07 14:57:01.754 12301-12301/com.cmtaro.app.httpexample D/HTTPExample:
fullName: octcat/Spoon-Knife, createdAt: 2011-01-27T19:30:43Z
2020-02-07 14:57:01.754 12301-12301/com.cmtaro.app.httpexample D/HTTPExample:
fullName: octcat/Hello-World, createdAt: 2011-01-26T19:01:12Z
```

　MainViewModel.ktで実行しているlistRepos関数の引数を変更して試してみましょう。自分のGitHubのユーザー名を指定してみても良いでしょう。

4-5 Glideを使用してWeb上の画像を表示する

Glideは、Web上の画像のダウンロードやキャッシュを実行するためのライブラリです。

- GitHub：https://github.com/bumptech/glide
- ライセンス：Apache License 2.0
- 使用するバージョン：4.11.0

→ サンプルプロジェクトを作成する

1-4節のプロジェクト生成を参照しながら、以下のプロジェクトを作りましょう。

▼表4-4　作成するプロジェクト

項目名	値
Name	Glide Example
Package name	com.cmtaro.app.glideexample
Save location	任意のパス
Language	Kotlin
Minimum API Level	API23

▼図4-14　新規プロジェクト作成

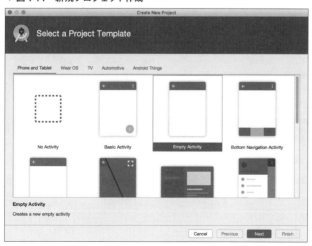

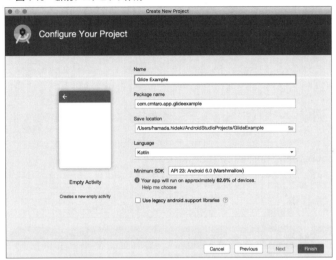

ネットワーク通信に必要なパーミッションを設定する

　Web上の画像を表示するために、Glide内部の処理でネットワーク通信をおこないます。AndroidManifest.xmlに以下のパーミッションを追加してください。

▼リスト4-42

```xml
<?xml version="1.0" encoding="utf-8"?>
<manifest ...>

    <!-- この行を追加 -->
    <uses-permission android:name="android.permission.INTERNET" />

    （中略）

</manifest>
```

ライブラリを追加する

　Glideの一部の機能がkaptに依存しているため、まずは、アプリモジュールのbuild.gradleの先頭に次の内容を追加します。

```
apply plugin: 'kotlin-kapt'
```

同じく、アプリモジュールのbuild.gradleに以下を追加してください。

▼リスト4-44

```
dependencies {
    // （中略）
    // この行を追加
    implementation 'com.github.bumptech.glide:glide:4.11.0'
    kapt "com.github.bumptech.glide:compiler:4.11.0"
}
```

→ 画像を表示するための ImageView を用意する

Glideでダウンロードした画像を表示するために、画面中央にIDが image_view の
ImageViewを配置します。activity_main.xmlを以下のように編集してください。

▼リスト4-45　app/src/main/res/layout/activity_main.xml

```xml
<?xml version="1.0" encoding="utf-8"?>
<androidx.constraintlayout.widget.ConstraintLayout xmlns:android="http://schemas.
android.com/apk/res/android"
    xmlns:app="http://schemas.android.com/apk/res-auto"
    xmlns:tools="http://schemas.android.com/tools"
    android:layout_width="match_parent"
    android:layout_height="match_parent"
    tools:context=".MainActivity">

    <ImageView
        android:id="@+id/image_view"
        android:layout_width="200dp"
        android:layout_height="200dp"
        app:layout_constraintBottom_toBottomOf="parent"
        app:layout_constraintEnd_toEndOf="parent"
        app:layout_constraintStart_toStartOf="parent"
        app:layout_constraintTop_toTopOf="parent" />

</androidx.constraintlayout.widget.ConstraintLayout>
```

➡ AppGlideModuleを実装する

Glideを使用するうえで、以下の対応が必要になる場合があります。

- キャッシュといったGlideの動作に関連した設定変更
- 画像の加工といったGlideへの独自の機能の追加
- Glideの機能を拡張するほかのライブラリの活用

　Glideはこれらを実現するためのしくみを提供しています。そのしくみを活用するには、まずAppGlideModuleを実装する必要があります。MyAppGlideModule.ktファイルを作成して、以下の内容を記述してください。

▼ リスト4-46　app/src/main/java/com/cmtaro/app/glideexample/MyAppGlideModule.kt

```
package com.cmtaro.app.glideexample

import com.bumptech.glide.annotation.GlideModule
import com.bumptech.glide.module.AppGlideModule

@GlideModule
class MyAppGlideModule : AppGlideModule()
```

　AppGlideModuleを継承したMyAppGlideModuleクラスを実装しました。また、@GlideModuleアノテーションが記述されていることに注意してください。

　MyAppGlideModuleクラスは本体を実装していませんが、アプリケーション全体でのGlideの設定を変更する場合はここに実装を追加することになります。

　設定の詳細は公式のドキュメントを参照すると良いでしょう。

- https://bumptech.github.io/glide/doc/configuration.html

➡ 画像のダウンロード表示を実装する

　それでは、Glideを使用してWeb上の画像をダウンロードして表示する処理を実装しましょう。MainActivity.ktを以下の内容に変更してください。Web上の画像のURLは表示したい画像のURLに変更しましょう。

▼ リスト4-47　app/src/main/java/com/cmtaro/app/glideexample/MainActivity.kt

```
package com.cmtaro.app.glideexample
```

```
import android.os.Bundle
import androidx.appcompat.app.AppCompatActivity

class MainActivity : AppCompatActivity() {

    override fun onCreate(savedInstanceState: Bundle?) {
        super.onCreate(savedInstanceState)
        setContentView(R.layout.activity_main)

        GlideApp.with(this)                           // (1)
            .load("Web上の画像のURL")                  // (2)
            .into(findViewById(R.id.image_view))      // (3)
    }
}
```

■ (1) GlideAppを使用して処理を開始する

GlideAppクラスのwithメソッドを使用して、Glideで画像を表示するための処理を開始します。基本的にはアクティビティやフラグメント自身を示すthisを指定すると良いでしょう。

このメソッドの引数で指定したアクティビティやフラグメントのライフサイクルに応じて、Glideは画像のダウンロードや表示処理を実行します。

AndroidのBitmapクラスを使用して独自に画像の加工や表示処理を実装した場合、明示的に解放処理をおこなわないとメモリーリークが発生します。Glideは、アクティビティやフラグメントが破棄されるタイミングで適切な解放処理をおこなってくれるため、安心して使用できます。

■ (2) 表示する画像を指定する

表示する画像はloadメソッドで指定します。たとえば、表示したい画像のURLがhttp://example.com/imageだった場合は以下のように指定します。

▼リスト4-48

```
.load("http://example.com/image")
```

このメソッドをonCreateで実行していますが、実際に画像をダウンロードする処理は、GlideがonResumeで実行します。

loadメソッドにはWeb上の画像以外にも、アプリにリソースとして組み込んだ画像

や、ストレージ上の画像ファイルも指定できます。くわしい指定方法は公式のドキュメントを参照すると良いでしょう。

- https://bumptech.github.io/glide/javadocs/4110/com/bumptech/glide/
  RequestManager.html

また、Glideはさまざまな画像形式をサポートしています。GIF動画の画像を指定した場合はアニメーションもおこなわれます。AndroidのSDKではサポートされていないため、GIF動画を再生するためにGlideを活用することもよくあります。

■ (3) 画像を表示するImageViewを指定する

画像を表示するImageViewはintoメソッドで指定します。これで実装は完了です。

→ 動作確認

アプリをビルドして実行してみましょう。指定した画像が表示されます。

▼図4-16　ダウンロード後に表示される画面

■ ビルドできない場合

GlideApp はアプリのビルド時に自動で生成されるクラスです。前述の MyAppGlide
Module の実装が正しくおこなえていない場合、このクラスが生成されず、以下のエラー
が表示されます。

▼リスト4-49

```
Unresolved reference: GlideApp
```

この GlideApp クラスを独自に実装しても問題は解決しません。自動で生成されるよう
に、前述の MyAppGlideModule の実装の手順からやり直してみてください。

■ 画像が表示されない場合

パーミッションが追加されていない場合、Glide がネットワーク通信をおこなえないた
め、画像は表示されません。また、アプリがクラッシュすることはありませんが、
Logcat に以下のようなメッセージが出力されます。

▼リスト4-50

```
2020-02-22 23:42:13.733 9947-9947/? I/Glide: Root cause (1 of 1)
    java.lang.SecurityException: Permission denied (missing INTERNET permission?)
```

Logcat にこのメッセージが表示されているようなら、前述のパーミッションを追加す
る手順からやり直してみてください。

→ プレースホルダーを設定する

画像のダウンロード中を示すために、事前にプレースホルダーとして別の画像を表示
できます。先ほど MainActivity.kt に追加した画像のダウンロード元の設定の後ろに、
以下の行を追加してください。

▼リスト4-51　app/src/main/java/com/cmtaro/app/glideexample/MainActivity.kt

```
// （略）
import android.graphics.Color
import android.graphics.drawable.ColorDrawable

class MainActivity : AppCompatActivity() {
```

```
override fun onCreate(savedInstanceState: Bundle?) {
    // （中略）
    GlideApp.with(this)
        .load("Web上の画像のURL")
        .placeholder(ColorDrawable(Color.GRAY)) // この行を追加
        .into(findViewById(R.id.image_view))
    }
}
```

placeholderメソッドで表示したい画像を指定します。今回はコード内で灰色の
ColorDrawableを生成して指定していますが、画像リソースも指定できます。

アプリを実行すると、画像がダウンロードされるまでの間、灰色の表示がおこなわれ
ます。画像のキャッシュが残っている場合は、ダウンロードは実行されないため、一度
アプリを強制終了するか、アンインストールしてから試してください。

▼図4-17　ダウンロード中に表示される画面

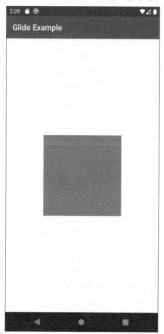

また、ダウンロード時にエラーが発生した場合のプレースホルダーも設定できます。
プレースホルダーを設定した処理の後ろに、以下の行を追加してください。

```kotlin
class MainActivity : AppCompatActivity() {

    override fun onCreate(savedInstanceState: Bundle?) {
        // （中略）
        GlideApp.with(this)
            .load("Web上の画像のURL")
            .placeholder(ColorDrawable(Color.GRAY))
            .error(ColorDrawable(Color.RED))        // この行を追加
            .into(findViewById(R.id.image_view))
    }
}
```

errorメソッドでエラー時に表示したい画像を指定します。今回はコード内で赤色の ColorDrawable を生成して指定していますが、画像リソースも指定できます。

アプリを実行すると、画像がダウンロードできなかった場合は赤色の表示がおこなわれます。Android端末のネットワークへの接続をOFFにしてから、ネットワーク通信ができないようにしてから試すと良いでしょう。

▼図4-18　エラー時に表示される画面

そのほかにも、load引数の値にnullが流れてきた時に表示する画像を指定する
fallbackメソッドも提供されています。これはTwitterやFacebookといったSNSでよく
見かける、ユーザーのアイコンが設定されていない場合のデフォルトの画像を表示する
ことを、nullで示したい場合に使用します。詳細は公式のドキュメントを参照すると良
いでしょう。

- https://bumptech.github.io/glide/doc/placeholders.html

➡ 角丸を設定する

　画像を表示する前に加工できます。今回は画像の角を丸くしてから表示してみましょ
う。プレースホルダーを設定した処理の後ろに、以下の行を追加してください。

▼ リスト4-53　app/src/main/java/com/cmtaro/app/glideexample/MainActivity.kt

```
// （略）
import com.bumptech.glide.load.resource.bitmap.RoundedCorners

class MainActivity : AppCompatActivity() {

    override fun onCreate(savedInstanceState: Bundle?) {
        // （中略）
        GlideApp.with(this)
            .load("Web上の画像のURL")
            .placeholder(ColorDrawable(Color.GRAY))
            .error(ColorDrawable(Color.RED))
            .transform(RoundedCorners(32))  // この行を追加
            .into(findViewById(R.id.image_view))
    }
}
```

　transformメソッドを使用して、加工方法を指定します。今回は角を丸くしたいので、
RoundedCornersクラスのオブジェクトを生成して指定します。RoundedCornersのコ
ンストラクタには、角丸の半径をdp単位で指定します。アプリを実行すると、先ほどま
で表示されていた画像の角が丸くなります。

▼図4-19　ダウンロード後に角丸で表示される画面

　角丸以外にも、さまざまな加工がおこなえます。詳細は公式のドキュメントを参照すると良いでしょう。

- https://bumptech.github.io/glide/doc/transformations.html

■ transformメソッドの注意点

　公式のドキュメントにも記載されているとおり、transformメソッドで指定した加工はプレースホルダーの画像には適用されません。プレースホルダーで指定する画像を画像編集ソフトで事前に加工しておくか、transformメソッドを使用せずに画像を加工してから表示するImageViewのカスタムビューを実装して使用すると良いでしょう。

- https://bumptech.github.io/glide/doc/placeholders.html#are-transformations-
  applied-to-placeholders

→ 表示アニメーションを設定する

画像を表示する時のアニメーションを指定できます。角丸を設定した処理の後ろに、以下の行を追加してください。

▼ リスト4-54　app/src/main/java/com/cmtaro/app/glideexample/MainActivity.kt

```
// (略)
import com.bumptech.glide.load.resource.drawable.DrawableTransitionOptions.
withCrossFade
import com.bumptech.glide.request.transition.DrawableCrossFadeFactory

class MainActivity : AppCompatActivity() {

    override fun onCreate(savedInstanceState: Bundle?) {
        // (中略)

        // この行を追加
        val factory = DrawableCrossFadeFactory.Builder(1000)
            .setCrossFadeEnabled(true)
            .build()

        GlideApp.with(this)
            .load("Web上の画像のURL")
            .placeholder(ColorDrawable(Color.GRAY))
            .error(ColorDrawable(Color.RED))
            .transform(RoundedCorners(32))
            .transition(withCrossFade(factory)) // この行を追加
            .into(findViewById(R.id.image_view))
    }
}
```

transitionメソッドを使用して、画像が表示される時のアニメーションを指定できます。今回はwithCrossFadeメソッドを使用してクロスフェードと呼ばれるアニメーションを設定しています。また、withCrossFadeの引数には、事前にアニメーションの時間（ミリ秒単位で指定、1000ミリ秒＝1秒）を指定して生成したDrawableCrossFadeFactoryを渡しています。

アプリを実行すると、プレースホルダーがフェードアウトして、合わせて画像がフェードインしてくるアニメーションが確認できます。

独自のアニメーションも使用できます。アニメーションの詳細は公式のドキュメントを参照すると良いでしょう。

- https://bumptech.github.io/glide/doc/transitions.html

■ transitionメソッドの注意点

DrawableCrossFadeFactoryを生成するコードを省略して、以下のような簡潔なコードでクロスフェードを指定する方法もあります。

▼リスト4-55

```
.transition(withCrossFade(1000))
```

ただし、上記のコードは、フェードアウトしてほしいプレースホルダーの一部が表示されたまま残ってしまう問題があります。

この問題は、公式のドキュメントにも記載されているとおり、プレースホルダーが表示する画像より大きい場合や、表示する画像に透過部分が含まれている場合に発生します。

- http://bumptech.github.io/glide/doc/transitions.html#cross-fading-with-placeholders-and-transparent-images

こうした条件に当てはまらない範囲で使用する場合は、上記の簡潔なコードを使用しても良いでしょう。

4-6 oss-licensesを使用してライセンス表記画面を用意する

oss-licensesライブラリは、アプリが使用しているOSSのライセンス情報を表示する画面を用意してくれます。

- GitHub：https://github.com/google/play-services-plugins/tree/master/oss-licenses-plugin
- ライセンス：Apache License 2.0
- 使用するバージョン：17.0.0

OSS Licesnses Gradleプラグインは、oss-licensesライブラリがOSSのライセンス情報を表示するために必要なデータを、ビルド時にアプリのリソースとして生成します。

- GitHub：https://github.com/google/play-services-plugins/tree/master/oss-licenses-plugin
- ライセンス：Apache License 2.0
- 使用するバージョン：0.10.1

➡ サンプルプロジェクトを作成する

1-4節のプロジェクト生成を参照しながら、以下のプロジェクトを作りましょう。

▼ 表4-5　作成するプロジェクト

項目名	値
Name	OSS Lisences Example
Package name	com.cmtaro.app.osslisencesexample
Save location	任意のパス
Language	Kotlin
Minimum API Level	API23

▼図4-20 新規プロジェクト作成

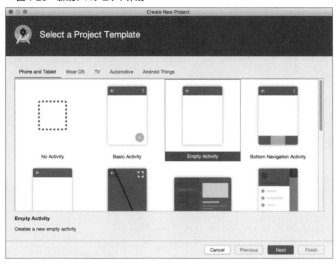

▼図4-21 新規プロジェクト作成

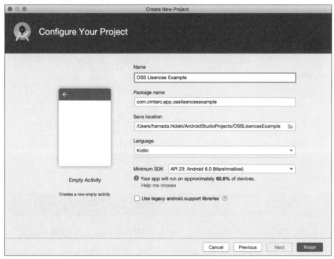

➡ Gradleプラグインを追加する

トップレベルのbuild.gradleに以下を追加してください。

▼リスト4-56 build.gradle

```
buildscript {
```

```
    dependencies {
        // （中略）
        // この行を追加
        classpath 'com.google.android.gms:oss-licenses-plugin:0.10.1'
    }
}
```

次に、アプリモジュールの build.gradle に以下を追加してください。これは、追加し
た Gradle プラグインをアプリモジュールに適用するための記述です。

▼リスト4-57　app/build.gradle

```
// （略）
// この行を追加
apply plugin: 'com.google.android.gms.oss-licenses-plugin'

// （略）
```

➡ ライブラリを追加する

アプリモジュールの build.gradle に以下を追加してください。

▼リスト4-58　app/build.gradle

```
dependencies {
    // （中略）
    // この行を追加
    implementation 'com.google.android.gms:play-services-oss-licenses:17.0.0'
}
```

➡ ライセンス表記画面の表示機能を実装する

追加したOSS Licesnses Gradle プラグインが、ビルド時にライセンス情報を生成し
ます。また、oss-licenses ライブラリがそのライセンス情報を表示する OssLicensesMenu
Activity を用意しています。そのため、必要な実装はこのアクティビティを表示する機
能だけです。

それでは、MainActivity に OssLicensesMenuActivity を表示するためのボタンを追
加しましょう。activity_main.xmlを以下のように編集してください。

▼リスト4-59　app/src/main/res/layout/activity_main.xml

```xml
<?xml version="1.0" encoding="utf-8"?>
<androidx.constraintlayout.widget.ConstraintLayout xmlns:android="http://schemas.
android.com/apk/res/android"
    xmlns:app="http://schemas.android.com/apk/res-auto"
    xmlns:tools="http://schemas.android.com/tools"
    android:layout_width="match_parent"
    android:layout_height="match_parent"
    tools:context=".MainActivity">

    <Button
        android:id="@+id/open_license_button"
        android:layout_width="wrap_content"
        android:layout_height="wrap_content"
        android:text="ライセンスを表示"
        app:layout_constraintBottom_toBottomOf="parent"
        app:layout_constraintLeft_toLeftOf="parent"
        app:layout_constraintRight_toRightOf="parent"
        app:layout_constraintTop_toTopOf="parent" />

</androidx.constraintlayout.widget.ConstraintLayout>
```

　次に、ボタンがタップされた時にOssLicensesMenuActivityを表示する処理を実装します。MainActivity.ktを以下のように編集してください。

▼リスト4-60

```kotlin
// （略）
import android.content.Intent
import android.widget.Button
import com.google.android.gms.oss.licenses.OssLicensesMenuActivity

class MainActivity : AppCompatActivity() {

    override fun onCreate(savedInstanceState: Bundle?) {
        // （中略）
        findViewById<Button>(R.id.open_license_button).setOnClickListener {
            startActivity(Intent(this, OssLicensesMenuActivity::class.java))
        }
    }
}
```

➡ ライセンス表記画面の内容

アプリを実行して追加した「ライセンスを表示」のボタンをタップしてみましょう。OSSの名称がリスト表示されるはずです。

▼図4-22　ライセンスを表示ボタンの画面

▼図4-23　ライセンスの一覧画面

リスト項目をタップすると、そのOSSのライセンスを確認できます。

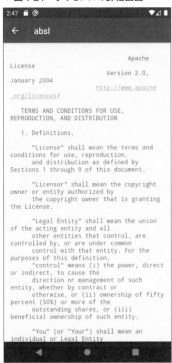

　一般的なAndroidアプリでは、設定画面にライセンスを表記する画面の項目を用意しwhていることが多いです。自分がよく使用するアプリのライセンス表記の画面を探してみても良いでしょう。

■ 暗黙的に使用しているOSSのライセンス表記も含まれる

　アプリモジュールのbuild.gradleで追加したもの以外のOSSが、リストに表示されています。これは、明示的に追加したライブラリが依存しているライブラリのライセンス表記に必要なリソースも生成してくれるためです。

　ライブラリの情報が定義されているpom.xmlファイルの中で、そのライブラリが依存しているライブラリが指定されています。これらの依存関係が深いことも多く、手作業で調査するのは困難ですが、OSS Licesnses Gradleプラグインが自動でおこなってくれます。

第 **5** 章

Android 開発テストの
超入門

5-1 Androidのテストとは

手動テストと自動テスト

　一般的にソフトウェア開発においては、開発したものが正しく動作するかを検証するために、テストをおこないます。テストには、人の手でおこなう手動テストや、プログラムで実行する自動テストがあります。

　手動テストでは、人の判断によって、より柔軟なテストをおこなえます。ただし、ヒューマンエラーの発生やテストに時間がかかりすぎる問題があります。

　自動テストは、何度もくり返しおこなうことが容易で、人間よりも高速で実行可能です。ただし、くり返すことを目的としているので、何度実行しても同じ結果になるように留意する必要があります。また、仕様が変わる場合はテストコードを修正する場合があるため、そのぶんのメンテナンスコストがかかります。

　どちらにも一長一短があるので、それぞれを併用して効率的にテストをすることが重要です。

テストの規模を押さえる

　自動テストにはさまざまな観点や区分があります。Androidデベロッパードキュメントでは、その区分についてテストピラミッドを用いて解説されています。

▼図5-1　Androidデベロッパードキュメントのテストピラミッド

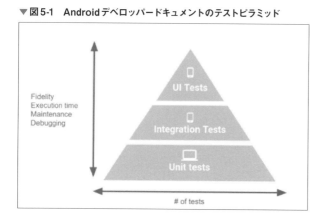

- 小規模テスト（Unit Tests）：単一クラスのロジックを検証するユニットテスト。
- 中規模テスト（Integration Tests）：モジュール間のインタラクションを検証するテスト。ViewやViewModel間のインタラクションやデータアクセスオブジェクト（DAO）の検証などがある。
- 大規模テスト（UI Tests）：アプリの複数モジュールにまたがる検証をするE2Eテスト。

　一般的に、小規模テスト70%、中規模テスト20%、大規模テスト10%の割合が良いとされ、小規模テストほど重要性が高いと言われています。

→ Android Studioによる2つの自動テスト

　Android Studioでは、以下の2つのテストタイプによる自動テスト環境が用意されています。それぞれのテストタイプは、別のディレクトリで管理されています。

■ ローカル単体テスト

　Java仮想マシン（JVM）上で実行される自動テストです。src/test/java/ディレクトリで管理されます。JVM上で実行されるため、高速で実行できます。通常は、Androidフレームワークに依存するテストは実行できませんが、Robolectricを利用することでテストをすることも可能です。おもに、業務ロジックなどの自動テストに使われます。

■ インストゥルメント化テスト

　ハードウェアデバイス、またはエミュレータで実行される自動テストです。/src/androidTest/java/ディレクトリで管理されます。おもに、UI機能など、Androidライブラリに依存していてモック化することが難しい自動テストに使われます。

→ Android Studioで自動テストをはじめる

　それでは、Android Studioで実際にどのようにテストを実行するのか見てみましょう。

■ サンプルのテストを実行する

　新しいプロジェクトを作成すると、自動的にサンプルのテストコードが生成されています。まずは、サンプルのテストコードを実行してみましょう。

　src/test/java/配下にあるExampleUnitTestクラスを開きます。

▼図5-2 ExampleUnitTestクラス

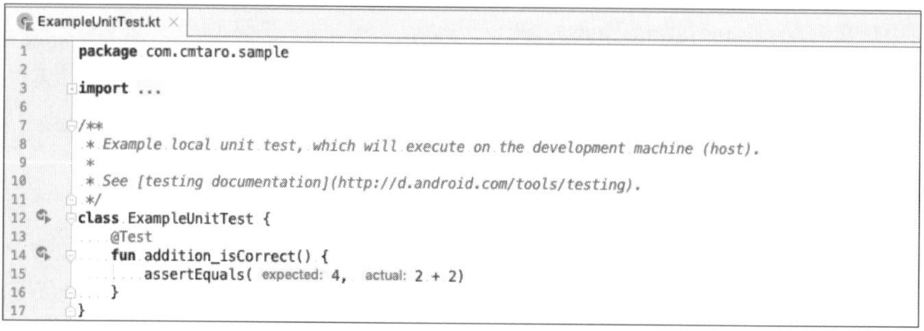

```
ExampleUnitTest.kt ×
1      package com.cmtaro.sample
2
3      import ...
6
7      /**
8       * Example local unit test, which will execute on the development machine (host).
9       *
10      * See [testing documentation](http://d.android.com/tools/testing).
11      */
12     class ExampleUnitTest {
13         @Test
14         fun addition_isCorrect() {
15             assertEquals( expected: 4,  actual: 2 + 2)
16         }
17     }
```

以下のいずれかの方法でテストが実行されます。

- テストファイル内のクラス名やメソッド名の「Run」をクリック（図5-3）

▼図5-3

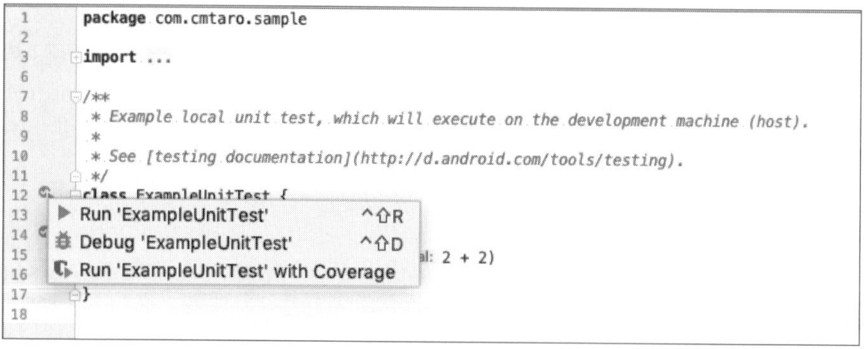

```
1      package com.cmtaro.sample
2
3      import ...
6
7      /**
8       * Example local unit test, which will execute on the development machine (host).
9       *
10      * See [testing documentation](http://d.android.com/tools/testing).
11      */
12     class ExampleUnitTest {
13   ▶ Run 'ExampleUnitTest'              ^⇧R
14   ✦ Debug 'ExampleUnitTest'           ^⇧D
15   ⟲ Run 'ExampleUnitTest' with Coverage   l: 2 + 2)
16
17     }
18
```

- テストファイル内のクラス名やメソッド名を右クリックし、メニューから「Run」をクリック（図5-4）

▼図5-4

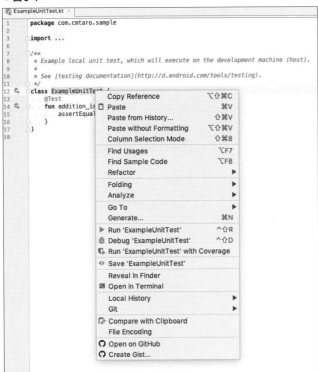

- プロジェクトフォルダ構成のテストファイルを右クリックし、メニューから「Run」をクリック（図5-5）

▼図5-5

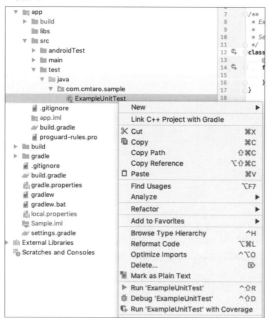

■ テスト結果を表示する

テストを実行すると「Runウィンドウ」に結果が表示されます。

▼図5-6　Runウィンドウ

また、テストが失敗した場合は以下のように表示されます。

▼**図5-7　テストが失敗した画面**

■ テストカバレッジを表示する

　Android Studioには、テスト実行だけでなく、テストカバレッジの表示機能（テストカバレッジツール）も用意されています。テストカバレッジを表示することで、対象のクラスやメソッドが十分にテストされたかどうか確認できます。

　カバレッジの表示対象のテストクラスファイルを開きます。テスト実行の時と同様に、メニューから「Run［テストクラス名］with coverage」をクリックします。

▼**図5-8**

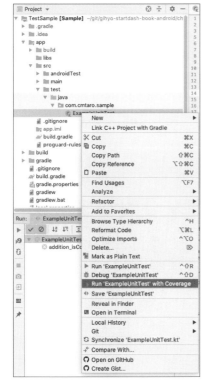

カバレッジツールウィンドウが表示され、それぞれの網羅率が表示されます。

▼図5-9　カバレッジツールウィンドウ

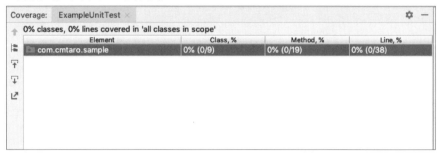

5-2 ローカル単体テスト

ここでは、JUnit4によるユニットテスト（単体テスト）について解説します。

Android Studioで新規プロジェクトを作成すると、自動的に build.gradle に JUnit4 ライブラリが追加されているため、そのまま使うことができます。

▼リスト5-1

```
dependencies {
  （中略）
  testImplementation 'junit:junit:4.12'
}
```

➜ テスト対象のクラスを作成する

まずは、テスト対象とするクラスを作成します。サンプルとして、com.cmtaro.sample のパッケージフォルダに Calculator というクラスを作成します。

▼図5-10

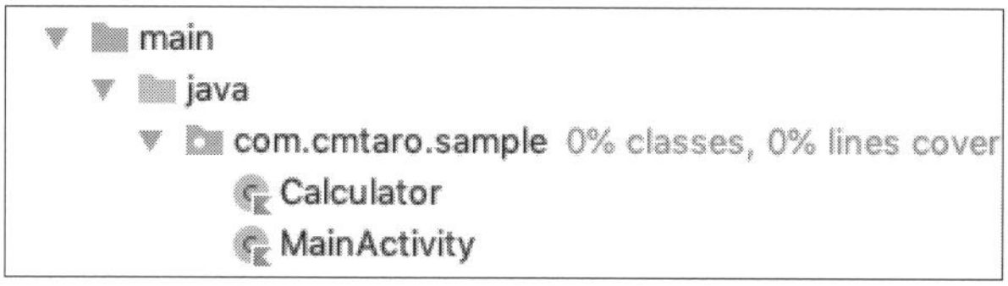

```
▼ 📁 main
  ▼ 📁 java
    ▼ 📁 com.cmtaro.sample  0% classes, 0% lines cover
        📄 Calculator
        📄 MainActivity
```

▼リスト5-2　Calculator.kt

```
class Calculator {

    // 引数 a, bの合計値を返却する
    fun sum(a: Int, b: Int): Int {
        return a + b
    }
}
```

➡ 新しいテストクラスを追加する

テストクラスのファイルは対象フォルダに新規作成しても問題ありませんが、今回は
Android Studioの機能を使って作成していきます。

先ほど作成した**Calculator**クラスのファイルを開きます。クラス名またはメソッドをク
リックし、[Shift] + [Command] + [T]（Windowsでは[Ctrl] + [Shift] + [T]）を押します。表示さ
れたメニューから「Create New Test」をクリックします。

▼図5-11

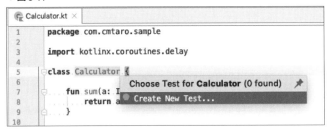

表示されたダイアログで以下の項目を選択し、OKをクリックします。

▼図5-12

作成するテストタイプ「app/src/test/...」を選択し、OKをクリックします。

▼図5-13

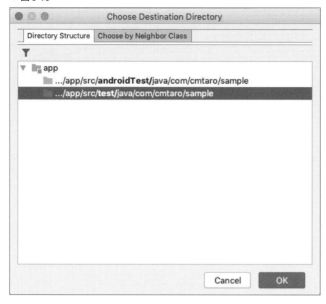

すると、上記のフォルダに新しいテストクラスが作成されます。

▼図5-14

```
1        package com.cmtaro.sample
2
3        import org.junit.After
4        import org.junit.Before
5        import org.junit.Test
6
7   ⌖    class CalculatorTest {
8
9            @Before
10           fun setUp() {
11           }
12
13           @After
14           fun tearDown() {
15           }
16
17           @Test
18   ⌖       fun sum() {
19           }
20       }
```

基本的な JUnit4 のテストでは、@Test アノテーションが追加されたテストメソッドを実行して検証をおこないます。

先ほど作成したテストクラスは、以下の構成となっています。

- @Before：テストメソッドの前に実行される。テストの初期処理をおこなう (setUp)。
- @After：テストメソッドの後に実行される。テストの後処理をおこなう (tearDown)。
- @Test：テストメソッド。検証コードを追加してテストを実行する。

また、そのほかにも、JUnit4では以下のようなアノテーションも用意されています。

- @BeforeClass：テストクラスにおいて1度だけ実行される前処理
- @AfterClass：テストクラスにおいて1度だけ実行される後処理
- @Ignore：テストメソッドをスキップする

それぞれのアノテーションを記述したテストサンプルは以下のとおりです。

▼リスト5-3　SampleTest.kt

```kotlin
class SampleTest {

    companion object {

        @BeforeClass
        @JvmStatic
        fun beforeClass() {
            println("BeforeClass")
        }

        @AfterClass
        @JvmStatic
        fun afterClass() {
            println("AfterClass")
        }
    }

    @Before
    fun setUp() {
        println("Before")
```

```
    }

    @After
    fun tearDown() {
        println("After")
    }

    @Test
    fun sampleTest1() {
        println("sampleTest1")
    }

    @Ignore("テストをスキップします")
    @Test
    fun sampleTest2() {
        println("sampleTest2")
    }

    @Test
    fun sampleTest3() {
        println("sampleTest3")
    }

}
```

実行結果は以下のようになります。

▼リスト5-4

```
BeforeClass

Before
sampleTest1
After

テストをスキップします

Before
sampleTest3
After

AfterClass
```

➡ テストケースを作成する

それでは、先ほど作成したテストクラスのテストメソッドに、検証コードを追加してみましょう。

▼リスト5-5　CalculatorTest.kt

```
import org.junit.Assert.assertEquals
import （中略）

class CalculatorTest {

    @Test
    fun sum() {
        val calc = Calculator()

        // calc.sum(1, 2) は 3 となることを確認する
        assertEquals(3, calc.sum(1, 2))
    }
}
```

上記を実行すると、以下のようにテスト成功となります。

▼図5-15　テスト成功

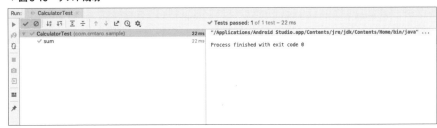

検証コードに、org.junit.Assert.assertEqualsというメソッドを追加しました。これは、アサーションと呼ばれるJUnitの検証メソッドの1つです。基本的には、このようにそれぞれのメソッドについてテストを実行して結果を検証していきます。

➡ アサーションを作成する

JUnit4には、先ほどのような検証メソッドがデフォルトで含まれています。しかし、より高機能で可読性が高いアサーションライブラリを利用することも多くあります。

一般的なものとして、Hamcrest、AssertJ、Truthなどがあります。なかでもTruthは、

AndroidX Testライブラリで Android 向けの拡張サポートがおこなわれているので、今後は Truth を採用することが増えそうです。

■ Truthを使う

それでは、Truth を使用してアサーションを作成してみましょう。build.gradle に以下を追加し、Gradle Syncを実行します。

▼リスト5-6

```
dependencies {
  (中略)
  testImplementation 'com.google.truth:truth:1.0'
}
```

先ほどのテストケースを以下のように修正します。

▼リスト5-7　CalculatorTest.kt

```
import com.google.common.truth.Truth.assertThat
import (中略)

class CalculatorTest {

    @Test
    fun sum() {
        val calc = Calculator()

        // calc.sum(1, 2) は 3 となることを確認する
        assertThat(calc.sum(1, 2)).isEqualTo(3)
    }
}
```

アサーションライブラリでは基本的に、assertThat(actual)を利用して実測値を指定し、isEqualTo(expected)などで期待値を検証していきます。Truthでは、Objectに対してisEqualToやisNotEqualToなどで検証できますが、それぞれの型についても検証メソッドが用意されています。

たとえば、以下のようにBooleanの値を検証する場合は、検証メソッドとしてisTrue()／isFalse()が利用できます。

▼リスト5-8　Calculator.kt

```
class Calculator {

    // 偶数であれば true を返す
    fun isEvenNumber(a: Int): Boolean {
        return a % 2 == 0
    }
}
```

▼リスト5-9　CalculatorTest.kt

```
class CalculatorTest {

    @Test
    fun isEvenNumber() {
        val calc = Calculator()

        // 12 は偶数である
        assertThat(calc.isEvenNumber(12)).isTrue()
    }
}
```

代表的な検証メソッドの例は以下の表のとおりです。

▼表5-1　代表的な検証メソッド

検証する値の型	メソッド
Boolean	isTrue()
	isFalse()
Int、Float、Double、Long	isIn(Range)
	isNotIn(Range)
	isGreaterThan(T)
	isLessThan(T)
	isAtMost(T)
	isAtLeast(T)
String	isEmpty()
	isNotEmpty()
	hasLength()
	contains(CharSequence)
	doesNotContain(CharSequence)
	startsWith(String)
	endsWith(String)

Iterable	isEmpty()
	isNotEmpty()
	hasSize()
	contains(Object)
	doesNotContains(Object)
	containsNoDuplicates()
	containsAnyOf(Object...)
	containsAtLeast(Object...)

また、Kotlinの場合は、以下のようにスコープ関数を利用すれば複数の検証をおこ
なうことも可能です。

▼リスト5-10　Calculator.kt

```kotlin
class Calculator {

    fun message(): String {
        return "message"
    }
}
```

▼リスト5-11　CalculatorTest.kt

```kotlin
class CalculatorTest {

    @Test
    fun message() {
        val calc = Calculator()

        assertThat(calc.message()).apply {
            isNotEmpty()
            startsWith("me")    // 先頭が me である
            contains("ssa")     // ssa が含まれる
            endsWith("ge")      // 末尾が ge である
        }
    }
}
```

→ AndroidX Testライブラリのサポート

BundleやIntentなどのAndroid固有の型については、Truthライブラリでは対応され
ていません。しかし、AndroidX Testライブラリを追加することで、Android固有の型

にも検証メソッドが追加されます。

build.gradle に以下を追加し、Gradle Syncを実行します。

▼リスト5-12

```
dependencies {
  (中略)
  testImplementation 'androidx.test.ext:truth:1.2.0'
}
```

これで、以下のAndroid固有の型についても検証メソッドが追加されます。

- Bundle
- Intent
- MotionEvent
- NotificationAction
- Notification
- PendingIntent
- PointerCoords
- PointerProperties

5-3 UIテスト

ここでは、EspressoライブラリによるUIテストについて解説します。

→ ライブラリを追加する

はじめの設定として、build.gradleに以下のライブラリを追加します。

▼リスト5-13

```
dependencies {
  (中略)
  androidTestImplementation 'androidx.test.ext:junit:1.1.1'
  androidTestImplementation 'androidx.test.ext:junit-ktx:1.1.1'
  androidTestImplementation 'androidx.test:core:1.2.0'
  androidTestImplementation 'androidx.test:core-ktx:1.2.0'
  androidTestImplementation 'androidx.test.espresso:espresso-core:3.2.0'
}
```

→ UIテスト対象のアプリを作成

ローカル単体テストと同様に、まずはテスト対象となるアプリを作成します。サンプルとして、以下のようなアプリを作成しました。

- 初期画面に入力フォームとボタンのコンポーネントを追加
- ボタンを押すと、Fragment遷移をして入力した文字列が表示

サンプルアプリの各コードは以下のとおりです。

▼リスト5-14　MainActivity.kt

```kotlin
class MainActivity : AppCompatActivity() {

    override fun onCreate(savedInstanceState: Bundle?) {
        super.onCreate(savedInstanceState)
        setContentView(R.layout.activity_main)
        replace(FirstFragment())
    }

    fun replace(fragment: Fragment) {
        supportFragmentManager.beginTransaction()
            .replace(R.id.container, fragment)
            .commit()
    }
}
```

▼リスト5-15　FirstFragment.kt

```kotlin
class FirstFragment : Fragment() {
```

```
override fun onCreateView(
    inflater: LayoutInflater,
    container: ViewGroup?,
    savedInstanceState: Bundle?
): View? {
    return inflater.inflate(R.layout.fragment_first, container, false)
}

override fun onViewCreated(
    view: View,
    savedInstanceState: Bundle?
) {
    super.onViewCreated(view, savedInstanceState)

    val editText = view.findViewById<EditText>(R.id.edit_text)
    view.findViewById<Button>(R.id.button).setOnClickListener {
        val message = editText.text.toString()
        val fragment = SecondFragment.newInstance(message)
        (requireActivity() as MainActivity).replace(fragment)
    }
}
}
```

▼リスト5-16 SecondFragment.kt

```
class SecondFragment : Fragment() {

    override fun onCreateView(
        inflater: LayoutInflater,
        container: ViewGroup?,
        savedInstanceState: Bundle?
    ): View? {
        return inflater.inflate(R.layout.fragment_second, container, false)
    }

    override fun onViewCreated(
        view: View,
        savedInstanceState: Bundle?
    ) {
        super.onViewCreated(view, savedInstanceState)

        val textView = view.findViewById<TextView>(R.id.show_text)
        textView.text = arguments?.getString(KEY_EXTRA_MESSAGE)
    }
```

```
        companion object {
            private const val KEY_EXTRA_MESSAGE = "extra_message"

            fun newInstance(message: String): SecondFragment {
                return SecondFragment().apply {
                    arguments = bundleOf(KEY_EXTRA_MESSAGE to message)
                }
            }
        }
    }
}
```

▼ リスト5-17　activity_main.xml

```xml
<?xml version="1.0" encoding="utf-8"?>
<androidx.constraintlayout.widget.ConstraintLayout
    xmlns:android="http://schemas.android.com/apk/res/android"
    xmlns:app="http://schemas.android.com/apk/res-auto"
    android:layout_width="match_parent"
    android:layout_height="match_parent">

    <FrameLayout
        android:id="@+id/container"
        android:layout_width="0dp"
        android:layout_height="0dp"
        app:layout_constraintBottom_toBottomOf="parent"
        app:layout_constraintEnd_toEndOf="parent"
        app:layout_constraintStart_toStartOf="parent"
        app:layout_constraintTop_toTopOf="parent" />

</androidx.constraintlayout.widget.ConstraintLayout>
```

▼ リスト5-18　fragment_first.xml

```xml
<?xml version="1.0" encoding="utf-8"?>
<androidx.constraintlayout.widget.ConstraintLayout
    xmlns:android="http://schemas.android.com/apk/res/android"
    xmlns:app="http://schemas.android.com/apk/res-auto"
    android:layout_width="match_parent"
    android:layout_height="match_parent"
    >

    <TextView
        android:id="@+id/label"
        android:layout_width="wrap_content"
```

```
        android:layout_height="wrap_content"
        android:layout_marginTop="16dp"
        android:text="Hello Espresso!"
        android:textAppearance="@style/TextAppearance.AppCompat.Title"
        app:layout_constraintLeft_toLeftOf="parent"
        app:layout_constraintRight_toRightOf="parent"
        app:layout_constraintTop_toTopOf="parent" />

    <EditText
        android:id="@+id/edit_text"
        android:layout_width="0dp"
        android:layout_height="wrap_content"
        android:layout_marginStart="16dp"
        android:layout_marginTop="16dp"
        android:layout_marginEnd="16dp"
        app:layout_constraintEnd_toEndOf="parent"
        app:layout_constraintStart_toStartOf="parent"
        app:layout_constraintTop_toBottomOf="@id/label" />

    <Button
        android:id="@+id/button"
        android:layout_width="wrap_content"
        android:layout_height="wrap_content"
        android:layout_marginTop="16dp"
        android:text="NEXT"
        app:layout_constraintEnd_toEndOf="parent"
        app:layout_constraintStart_toStartOf="parent"
        app:layout_constraintTop_toBottomOf="@id/edit_text" />

</androidx.constraintlayout.widget.ConstraintLayout>
```

▼ リスト5-19　fragment_second.xml

```
<?xml version="1.0" encoding="utf-8"?>
<androidx.constraintlayout.widget.ConstraintLayout
    xmlns:android="http://schemas.android.com/apk/res/android"
    xmlns:app="http://schemas.android.com/apk/res-auto"
    android:layout_width="match_parent"
    android:layout_height="match_parent">

    <TextView
        android:id="@+id/show_text"
        android:layout_width="wrap_content"
        android:layout_height="wrap_content"
        android:textAppearance="@style/TextAppearance.AppCompat.Title"
```

```
          app:layout_constraintTop_toTopOf="parent"
          app:layout_constraintStart_toStartOf="parent"
          app:layout_constraintEnd_toEndOf="parent"
          app:layout_constraintBottom_toBottomOf="parent"
          />

</androidx.constraintlayout.widget.ConstraintLayout>
```

➡ UIテストを作成

ローカル単体テストの作成の時と同様に、MainActivityクラスで [Shift] + [Command] + [T]（Windowsでは [Ctrl] + [Shift] + [T]）を押して、新しいテストクラスを作成します。

▼図5-17

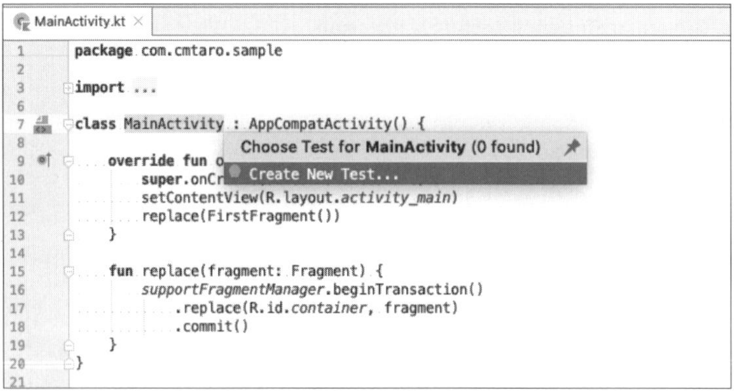

```
MainActivity.kt ×
1        package com.cmtaro.sample
2
3        import ...
6
7        class MainActivity : AppCompatActivity() {
8
9            override fun o ┌─ Choose Test for MainActivity (0 found)  ↗
10               super.onCr  ⊙ Create New Test...
11               setContentView(R.layout.activity_main)
12               replace(FirstFragment())
13           }
14
15           fun replace(fragment: Fragment) {
16               supportFragmentManager.beginTransaction()
17                   .replace(R.id.container, fragment)
18                   .commit()
19           }
20       }
21
```

「Choose Destination Directory」の画面では、「app/src/androidTest/...」を選択します。

▼図5-18

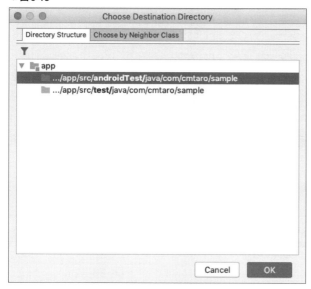

すると、上記のフォルダにMainActivityTestというテストクラスが生成されます。生成されたMainActivityTestクラスを以下のように変更します。

▼リスト5-20　MainActivityTest.kt

```
import androidx.test.ext.junit.rules.ActivityScenarioRule
import androidx.test.ext.junit.runners.AndroidJUnit4
import androidx.test.filters.LargeTest
import org.junit.Rule
import org.junit.Test
import org.junit.runner.RunWith

@RunWith(AndroidJUnit4::class)
class MainActivityTest {

    @get:Rule val activityScenarioRule = ActivityScenarioRule(MainActivity::class.
java)

    @Test
    fun mainActivityTest() {

    }
}
```

インストゥルメント化テストをおこなう場合、テストランナーには@RunWith(Android
JUnit4::class)を指定する必要があります。ここでの注意点として、androidx.test.
runner.AndroidJUnit4はすでにdeprecatedとなっているため、androidx.test.ext.
junit.runners.AndroidJUnit4をimportしましょう。

　ActivityScenarioRule(MainActivity::class.java)を指定することで、テスト開始と
終了時に対象のActivityを自動的に開始／終了してくれるようになります。

➡ UIテストの実行

　EspressoのAPIを利用して、基本的なUIのテストコードを実装していきます。
　Espressoのおもなコンポーネントは以下のとおりです。

▼表5-2　Espressoのおもなコンポーネント

名前	機能
ViewMatchers	1つ以上の条件を指定し、条件に合うかどうか判定
ViewActions	対象のViewにクリックや入力などのアクションをおこなう
ViewAssertions	対象のViewの状態を確認する

　それでは、上記のコンポーネントを利用して、fun mainActivityTest()にサンプルの
テストを追加します。

▼リスト5-21　MainActivityTest.kt

```
import androidx.test.espresso.Espresso.onView
import androidx.test.espresso.action.ViewActions
import androidx.test.espresso.assertion.ViewAssertions
import androidx.test.espresso.matcher.ViewMatchers
（中略）

    @Test
    fun mainActivityTest() {

        // FirstFragment で表示される label が Hello Espresso! になっていること
        onView(ViewMatchers.withId(R.id.label))
            .check(ViewAssertions.matches(ViewMatchers.withText("Hello Espresso!")))

        // edit_text に Hello を入力してキーボードを閉じる
        onView(ViewMatchers.withId(R.id.edit_text))
            .perform(ViewActions.typeText("Hello"), ViewActions.closeSoftKeyboard())

        // button をクリックする（SecondFragment に遷移）
```

```
        onView(ViewMatchers.withId(R.id.button))
            .perform(ViewActions.click())

        // SecondFragment の show_text に入力した文字が表示されていること
        onView(ViewMatchers.withId(R.id.show_text))
            .check(ViewAssertions.matches(ViewMatchers.withText("Hello")))

    }
```

Espresso.onView()にViewMatchersで指定した条件を挿入し、条件に合う
ViewInteractionを取得しています。

続いて、ViewInteractionに対してperform()でViewActionsのアクションを指定し、
check()でViewAssertionsによるアサーションをおこなっています。

それでは、ローカル単体テストのときと同様に、MainActivityTestのテストを実行して
みます。すると、エミュレータ（または実機デバイス）が起動し、先ほどのテスト内容
が実行され結果が表示されます。

▼図5-19

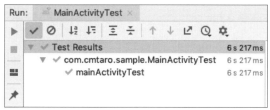

基本的には、このようにUIテストを実施します。

→ スクリーンショットを撮る

androidx.test.runner.screenshot.Screenshot（Beta版）を利用すると、実行中画
面のスクリーンショットをかんたんに撮ることができます。スクリーンショットを撮ること
で、テストの証跡を残したり、テスト失敗時にどの画面で失敗したかなどがわかりやす
くなります。

それでは、先ほどのテストを変更し、テスト失敗時にスクリーンショットを撮るように
してみましょう。

まずは、テストの失敗を検知するために、TestWatcherのカスタムクラスを作成します。

```kotlin
class FailedTestWatcher : TestWatcher() {

    override fun failed(e: Throwable?, description: Description?) {
        super.failed(e, description)

        // スクリーンショットを撮る
        Screenshot.capture()
            .setName("test_failed")
            .setFormat(Bitmap.CompressFormat.PNG)
            .process()
    }
}
```

　テストが失敗した場合、failed(e: Throwable?, description: Description?)が呼び
出されるので、そこでスクリーンショットを撮る実装をおこないます。

　それでは、作成したFailedTestWatcherのルールをテストクラスに追加します。なお、
スクリーンショットがエミュレータ内に保存されるため、Permissionの許可も必要となり
ます。そのため、WRITE_EXTERNAL_STORAGEを許可するルールも追加しています。
AndroidManifest.xmlでの宣言も必要です。

▼ リスト5-23　MainActivityTest.kt

```kotlin
class MainActivityTest {

    @get:Rule
    val activityScenarioRule = ActivityScenarioRule(MainActivity::class.java)

    @get:Rule
    val failedWatcher = FailedTestWatcher()

    @get:Rule
    val grantPermissionRule: GrantPermissionRule =
        GrantPermissionRule.grant(Manifest.permission.WRITE_EXTERNAL_STORAGE)
（略）
```

▼ リスト5-24　AndroidManifest.xml

```xml
<uses-permission android:name="android.permission.WRITE_EXTERNAL_STORAGE"/>
```

　続いて、先ほどのテストでエラーとなるように、以下のように修正します。

▼リスト5-25　MainActivityTest.kt

```kotlin
@Test
fun mainActivityTest() {

    onView(ViewMatchers.withId(R.id.label))
        .check(ViewAssertions.matches(ViewMatchers.withText("Hello Espresso!")))

    onView(ViewMatchers.withId(R.id.edit_text))
        .perform(ViewActions.typeText("Hello"), ViewActions.closeSoftKeyboard())

    onView(ViewMatchers.withId(R.id.button))
        .perform(ViewActions.click())

    // Hello の入力に対して、Hello World で検証する（エラー）
    onView(ViewMatchers.withId(R.id.show_text))
        .check(ViewAssertions.matches(ViewMatchers.withText("Hello World")))

}
```

テストを実行してみましょう。以下のように、テストが失敗しています。

▼図5-20　テスト失敗

スクリーンショットは、デフォルトでエミュレータ内の/sdcard/Pictures/screenshotsに保存されます。保存された画像を見ると、以下のようにテストが失敗した場所でスクリーンショットが取得できていることが確認できます。

▼図5-21　テスト失敗時のスクリーンショット

➡ CI/CDとは

　CI/CDとは、それぞれContinuous Integration（継続的インテグレーション）、Continuous Delivery（継続的デリバリー）の略称です。

　CI（継続的インテグレーション）とは、プログラムのコード変更をセントラルリポジトリにマージし、定期的なビルドやテストを自動的に実行する手法です。そうすることで、バグの早期発見やソフトウェア品質の向上が期待されます。

　CD（継続的デリバリー）は、継続的インテグレーションを拡張した手法で、自動ビルドしたコードをリリース用にパッケージ化します。

　Android開発でも、CI/CDを取り入れてみましょう。

➡ GitHub ActionsでCIを実施する

　現在では、個人や企業でもGitHubを使って開発していることが多いでしょう。GitHubでは、手軽にCI/CDをおこなえるサービス「GitHub Actions」が2019年11月に正式リリースされました。今回はそれを利用してCIを実施してみます。

　GitHub Actionsは、publicリポジトリであれば無料で、privateリポジトリでもFreeプランで2000分/月まで利用できます（2020年7月現在）。

- GitHub Actions：https://github.co.jp/features/actions

　なお、ここではGitHubのアカウントがあることを前提として説明します。

■ Gitリポジトリの作成

　まずは、GitHubで対象のリポジトリを作成します。作成するリポジトリはpublicでもprivateでも問題ありません。

▼図 5-22

Create a new repository

A repository contains all project files, including the revision history. Already have a project repository elsewhere? Import a repository.

Owner   Repository name *

🔲 cm-hashimoto-saki ▾ / sample-repository   ✓

Great repository names are short and memorable. Need inspiration? How about psychic-rotary-phone?

Description (optional)

⦿ 📘 **Public**
    Anyone can see this repository. You choose who can commit.

◯ 🔒 **Private**
    You choose who can see and commit to this repository.

Skip this step if you're importing an existing repository.

☐ **Initialize this repository with a README**
    This will let you immediately clone the repository to your computer.

Add .gitignore: **None** ▾   Add a license: **None** ▾   ⓘ

Create repository

作成後、対象のAndroidプロジェクトをpushします。

▼図 5-23

🕒 6 commits	⑂ 1 branch	📦 0 packages	♡ 0 releases	♟ 1 contributor

Branch: master ▾   New pull request   Create new file   Upload files   Find file   Clone or download ▾

🔲 cm-hashimoto-saki success test sample		✓ Latest commit b418169 3 minutes ago
📁 .github/workflows	test and build	3 hours ago
📁 .idea/codeStyles	first commit	3 hours ago
📁 app	success test sample	3 minutes ago
📁 gradle/wrapper	first commit	3 hours ago
📄 .gitignore	first commit	3 hours ago
📄 build.gradle	first commit	3 hours ago
📄 gradle.properties	first commit	3 hours ago
📄 gradlew	first commit	3 hours ago
📄 gradlew.bat	first commit	3 hours ago
📄 settings.gradle	first commit	3 hours ago

Help people interested in this repository understand your project by adding a README.   Add a README

■ ワークフローの作成

上部のメニューから「Actions」を選択します。

▼図5-24

ワークフローのテンプレート一覧が表示されるので、その中からAndroid CIを探し、「Set up this workflow」をクリックします。

▼図5-25

すると、以下のようなエディター画面が表示されます。

▼図5-26

続いて、「Start commit」をクリックし、「Commit new file」を押してワークフローをコミットします。すると、今のワークフローが実行されて結果が表示されます。

▼図5-27　ワークフローをコミット

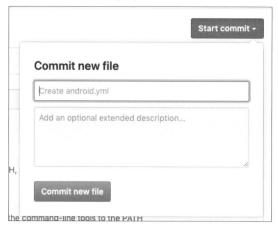

▼図5-28　ワークフローが実行されて結果が表示される

　テンプレートでは、on:［push］となっているため、リポジトリのpushのたびに実行されます。

　onには、ワークフローを実行するためのトリガーを指定します。

トリガーとなるイベントは、push、pull-request、issue、releaseなどのGitHubのさまざまなイベントを指定できます。

■ ワークフローの修正

　テンプレートのワークフローでは、./gradlew buildを実行し、アプリのビルドをおこなっていました。このワークフローに自動テストを追加してみます。

　.github/workflows/android.ymlを開き、編集ボタンをクリックします。先ほどのエディター画面が表示されるので、steps:配下に./gradlew testを追加します。

```
name: Android CI

on: [push]

jobs:
  build:

    runs-on: ubuntu-latest

    steps:
    - uses: actions/checkout@v2
    - name: set up JDK 1.8
      uses: actions/setup-java@v1
      with:
        java-version: 1.8
    - name: Local Unit Test with Gradle    <-- 追加
      run: ./gradlew test                  <-- 追加
    - name: Build with Gradle
      run: ./gradlew build
```

　上記を追加してCommitをおこなうと、ワークフローが開始され自動テストとビルドが実行されます。以降は、pushするたびに自動テストとビルドが実行されるようになります。

　また、ワークフローが失敗した場合は以下のように表示されるので、どのタスクが失敗したかがわかるようになっています。

▼図5-29　テストが失敗したときの例

　このように、継続的におこなうことでビルドエラーやバグの早期発見につながります。

索引

著者プロフィール

山本尚紀（やまもとなおき）
クラスメソッド株式会社所属のAndroidアプリエンジニア。2010年に発売された初代 Xperia入手を機にWebアプリ開発業務と並行して個人でAndroid開発に取り組み始める。個人での実績が評価され業務でさまざまなAndroidアプリ開発を担当。現在は Android開発を専門としている。

亀井栄利（かめいひでとし）
クラスメソッド株式会社所属のAndroidアプリエンジニア。PHP5時代でSynmfony2 をやっていたが、気がついたらAndroidアプリをやっていた。今はReact Native、React Native for Webを使ったアプリに挑戦している。ボードゲームが大好き。

浜田瑛樹（はまだひでき）
クラスメソッド株式会社所属のAndroidアプリエンジニア。サーバーサイドの技術を独学し、異業種からソフトウェアエンジニアに転職。前職の社長の「これからはAndroid の時代だ!」の声に引っ張られAndroidアプリ開発に取り組むように。最近は猫2匹と在宅勤務が続いている。

橋本早樹（はしもとさき）
クラスメソッド株式会社所属のAndroidアプリエンジニア。ネットワーク、インフラ系の システムエンジニアとして働いていたが、スマートフォンが普及してきたときにAndroidに 興味を持ち始めた。そこからアプリの開発手法を勉強し、アプリエンジニアとして転職。

●お問い合わせについて

本書に関するご質問は、FAX か書面でお願いいたします。電話での直接のお問い合わせにはお答えできませんので、あらかじめご了承ください。また、下記の Web サイトでも質問用フォームを用意しておりますので、ご利用ください。

ご質問の際には、以下を明記してください。

・書籍名　・該当ページ・　返信先（メールアドレス）

ご質問の際に記載いただいた個人情報は質問の返答以外の目的には使用致しません。

お送りいただいたご質問には、できる限り迅速にお答えするよう努力しておりますが、お時間をいただくこともございます。

なお、ご質問は本書に記載されている内容に関するもののみとさせていただきます。

●問い合わせ先

宛先：〒 162-0846
　　　東京都新宿区市谷左内町 21-13
　　　株式会社技術評論社　雑誌編集部
　　　「スタートダッシュ Android」係
FAX：03-3513-6173
Web サイト：https://gihyo.jp/book/2020/978-4-297-11611-8

スタートダッシュ Android
～アプリエンジニアの必須ノウハウをサクっと押さえる

2020 年 9 月 9 日　初版　第 1 刷発行

装丁　トップスタジオ デザイン室
　　　（轟木亜紀子）
本文デザイン・DTP　SeaGrape
編集　西原康智

著　者　山本尚紀、亀井栄利、浜田瑛樹、橋本早樹
発行者　片岡　巌
発行所　株式会社技術評論社
　　　　東京都新宿区市谷左内町 21-13
電　話　03-3513-6150　販売促進部
　　　　03-3513-6177　雑誌編集部
印刷 / 製本　日経印刷株式会社

定価はカバーに表示してあります。

ISBN978-4-297-11611-8　C3055
Printed in Japan